5年生 達成表　計算マスターへの道！

ドリルが終わったら，番号のところに日付と点数を書いて，グラフをかこう。
80点を超えたら合格だ！まとめのページは全問正解で合格だよ！

	日付	点数	50点　合格ライン80点　100点	合格チェック
例	4/2	90		○
1				
2				
3				
4				
5				
6				
7				
8				
9				
10			全問正解で合格！	
11				
12				
13				
14				
15				
16				
17				
18				
19				
20				
21				
22				
23				
24				
25				
26				
27				
28				
29				
30			全問正解で合格！	
31				
32				
33				
34				
35				
36				
37				
38				
39			全問正解で合格！	
40				
41				
42				
43				
44				
45				
46				

	日付	点数	50点　合格ライン80点　100点	合格チェック
47				
48			全問正解で合格！	
49				
50				
51				
52				
53				
54				
55				
56				
57				
58				
59				
60				
61				
62				
63				
64				
65			全問正解で合格！	
66				
67				
68				
69				
70				
71				
72				
73				
74				
75				
76				
77				
78				
79				
80				
81				
82			全問正解で合格！	
83				
84				
85				
86				
87				
88				
89				
90				
91				
92				
93			全問正解で合格！	

この表がうまったら，合格の数をかぞえて右に書こう。

- 80 ～ 93個 ⇨ りっぱな計算マスターだ！
- 50 ～ 79個 ⇨ もう少し！計算マスター見習いレベルだ！
- 0 ～ 49個 ⇨ がんばろう！計算マスターへの道は1日にしてならずだ！

合格の数

このドリルの特長と使い方

このドリルは，「苦手をつくらない」ことを目的としたドリルです。単元ごとに「計算のしくみを理解するページ」と「くりかえし練習するページ」をもうけて，段階的に計算のしかたを学ぶことができます。

① 理解

計算のしくみを理解するためのページです。計算のしかたのヒントが載っていますので，これにそって計算のしかたを学習しましょう。

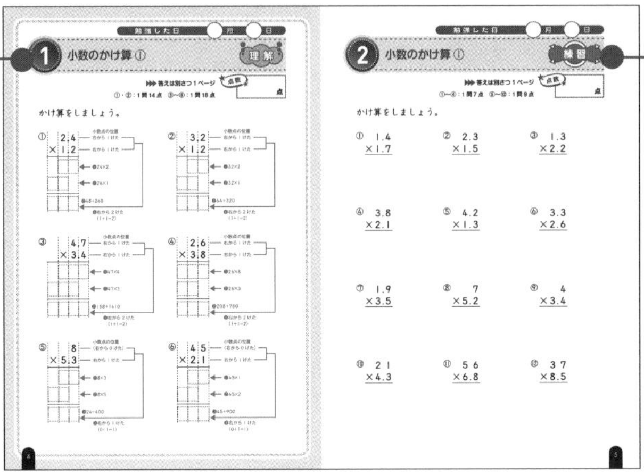

② 練習

「理解」で学習したことを身につけるための練習ページです。「理解」で学習したことを思い出しながら計算していきましょう。

③ ニガテ

間違えやすい計算は，別に単元を設けています。こちらも「理解」→「練習」と段階をふんでいますので，重点的に学習することができます。

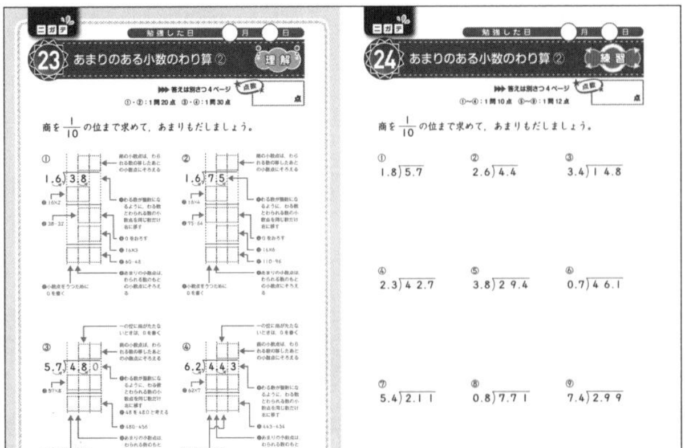

④ 計算マスターへの道！

ページが終わるごとに，巻頭の「計算マスターへの道」に学習した日と得点をつけましょう。

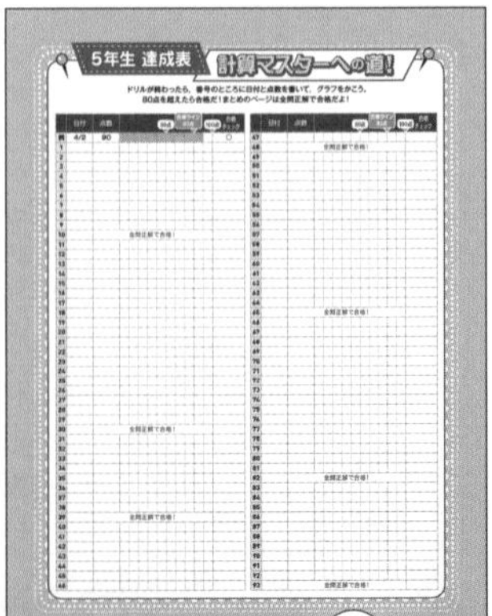

もくじ

編集協力／㈱アイ・イー・オー　校正／山﨑真理・玉井洋子　装丁デザイン／株式会社 しろいろ
装丁イラスト／おおの麻里　本文デザイン／ハイ制作室 若林千秋　本文イラスト／西村博子

1 小数のかけ算 ①

理解

▶▶▶答えは別さつ１ページ

点数　　点

①・②：１問 14 点　③〜⑥：１問 18 点

かけ算をしましょう。

①
　2.4 — 右から１けた
×1.2 — 右から１けた
小数点の位置
❶24×2
❷24×1
❸48+240
❹右から２けた
（1+1=2）

②
　3.2 — 右から１けた
×1.2 — 右から１けた
小数点の位置
❶32×2
❷32×1
❸64+320
❹右から２けた
（1+1=2）

③
　4.7 — 右から１けた
×3.4 — 右から１けた
小数点の位置
❶47×4
❷47×3
❸188+1410
❹右から２けた
（1+1=2）

④
　2.6 — 右から１けた
×3.8 — 右から１けた
小数点の位置
❶26×8
❷26×3
❸208+780
❹右から２けた
（1+1=2）

⑤
　8 — （右から０けた）
×5.3 — 右から１けた
小数点の位置
❶8×3
❷8×5
❸24+400
❹右から１けた
（0+1=1）

⑥
　45 — （右から０けた）
×2.1 — 右から１けた
小数点の位置
❶45×1
❷45×2
❸45+900
❹右から１けた
（0+1=1）

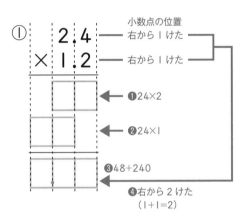

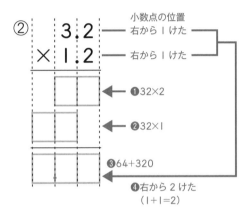

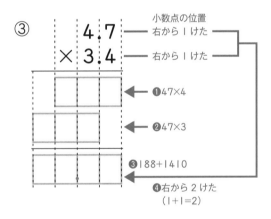

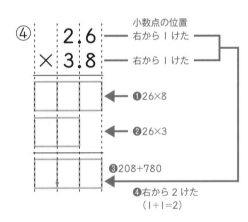

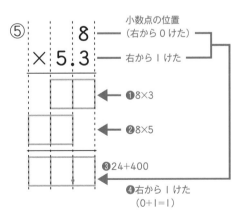

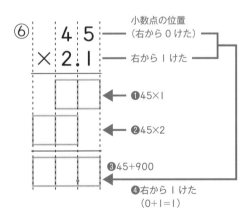

勉強した日　　月　　日

2 小数のかけ算 ①

練習

答えは別さつ1ページ

①〜④：1問7点　⑤〜⑫：1問9点

点数　　点

かけ算をしましょう。

① 1.4×1.7

② 2.3×1.5

③ 1.3×2.2

④ 3.8×2.1

⑤ 4.2×1.3

⑥ 3.3×2.6

⑦ 1.9×3.5

⑧ 7×5.2

⑨ 4×3.4

⑩ 21×4.3

⑪ 56×6.8

⑫ 37×8.5

勉強した日　　月　　日

3 小数のかけ算 ①

練習

▶▶▶ 答えは別さつ1ページ

点数　　点

①～④：1問7点　⑤～⑫：1問9点

かけ算をしましょう。

① 2.1 × 3.5

② 1.9 × 1.6

③ 4.3 × 2.7

④ 1.2 × 7.8

⑤ 5.4 × 6.7

⑥ 3.9 × 8.4

⑦ 9.5 × 3.5

⑧ 8 × 6.6

⑨ 3 × 7.8

⑩ 15 × 4.3

⑪ 46 × 2.9

⑫ 67 × 3.8

4 小数のかけ算 ②

理解

▶▶▶答えは別さつ１ページ

点数　　点

①・②：1 問 14 点　③～⑥：1 問 18 点

かけ算をしましょう。

①
2.32 ― 小数点の位置 右から 2 けた
× 1.3 ― 右から 1 けた

❶232×3
❷232×1
❸696+2320
❹右から 3 けた
(2+1=3)

②
1.45 ― 小数点の位置 右から 2 けた
× 1.3 ― 右から 1 けた

❶145×3
❷145×1
❸435+1450
❹右から 3 けた
(2+1=3)

③
3.7 ― 小数点の位置 右から 1 けた
× 0.42 ― 右から 2 けた

❶37×2
❷37×4
❸74+1480
❹右から 3 けた
(1+2=3)

④
6.5 ― 小数点の位置 右から 1 けた
× 0.83 ― 右から 2 けた

❶65×3
❷65×8
❸195+5200
❹右から 3 けた
(1+2=3)

⑤
4.21 ― 小数点の位置 右から 2 けた
× 0.65 ― 右から 2 けた

❶421×5
❷421×6
❸2105+25260
❹右から 4 けた
(2+2=4)

⑥
7.84 ― 小数点の位置 右から 2 けた
× 0.29 ― 右から 2 けた

❶784×9
❷784×2
❸7056+15680
❹右から 4 けた
(2+2=4)

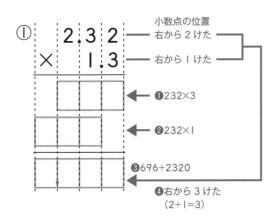

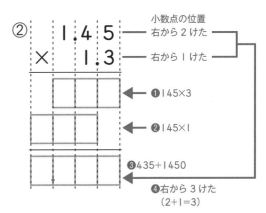

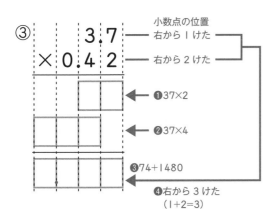

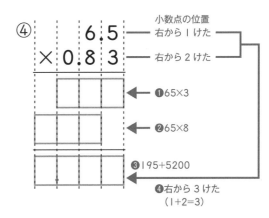

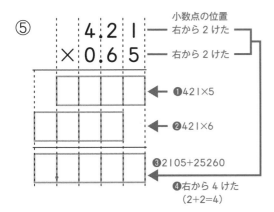

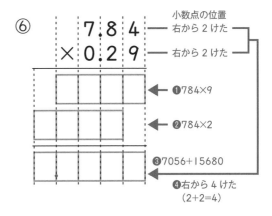

勉強した日　　月　　日

5 小数のかけ算②

練習

▶▶▶答えは別さつ１ページ

点数　　点

①～④：１問７点　⑤～⑫：１問９点

かけ算をしましょう。

① 1.21×1.4

② 3.12×2.3

③ 4.3×0.33

④ 2.4×0.51

⑤ 5.35×4.7

⑥ 3.86×5.7

⑦ 8.3×0.65

⑧ 2.9×0.38

⑨ 3.24×0.42

⑩ 7.51×0.86

⑪ 6.63×0.54

⑫ 2.98×0.39

勉強した日　　月　　日

6 小数のかけ算 ②

練習

▶▶▶答えは別さつ１ページ

点数　　点

①～④：１問７点　⑤～⑫：１問９点

かけ算をしましょう。

① 2.43×1.3

② 4.31×3.2

③ 3.5×0.41

④ 4.2×0.24

⑤ 6.23×5.6

⑥ 5.31×3.8

⑦ 7.7×0.45

⑧ 9.2×0.83

⑨ 2.52×0.51

⑩ 5.47×0.58

⑪ 8.54×0.23

⑫ 6.95×0.67

7 小数のかけ算 ③

理解

▶▶▶ 答えは別さつ 2 ページ

①・②：1 問 20 点　③・④：1 問 30 点

点数　　点

かけ算をしましょう。

①

3.4	小数点の位置　右から 1 けた
×1.5	右から 1 けた

❶34×5

❷34×1

❸170+340

❹右から 2 けた（1+1=2）

❺小数点より下のけたの最後の位の 0 は消す

②

4.2	小数点の位置　右から 1 けた
×1.5	右から 1 けた

❶42×5

❷42×1

❸210+420

❹右から 2 けた（1+1=2）

❺小数点より下のけたの最後の位の 0 は消す

③

1.25	小数点の位置　右から 2 けた
×3.6	右から 1 けた

❶125×6

❷125×3

❸750+3750

❹右から 3 けた（2+1=3）

❺小数点より下のけたの最後の位の 0 は消す

④

1.16	小数点の位置　右から 2 けた
×0.76	右から 2 けた

❶116×6

❷116×7

❸696+8120

❹右から 4 けた（2+2=4）

❺小数点をうつために 0 を書く

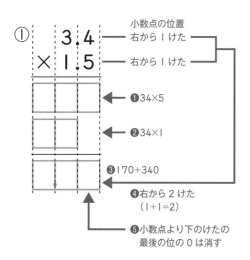

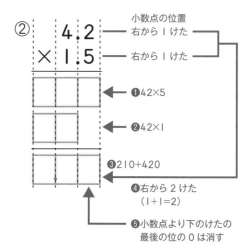

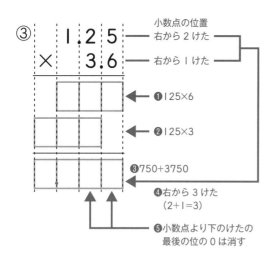

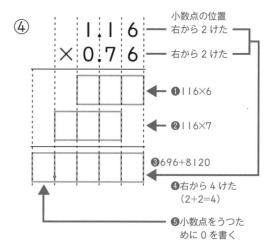

勉強した日　　月　　日

8 小数のかけ算 ③

練習

▶▶▶答えは別さつ２ページ

点数　　　　点

①～④：１問７点　⑤～⑫：１問９点

かけ算をしましょう。

①
$$\begin{array}{r} 1.8 \\ \times 1.5 \\ \hline \end{array}$$

②
$$\begin{array}{r} 2.5 \\ \times 1.4 \\ \hline \end{array}$$

③
$$\begin{array}{r} 3.6 \\ \times 0.2 \\ \hline \end{array}$$

④
$$\begin{array}{r} 2.74 \\ \times \quad 0.3 \\ \hline \end{array}$$

⑤
$$\begin{array}{r} 3.35 \\ \times \quad 2.6 \\ \hline \end{array}$$

⑥
$$\begin{array}{r} 4.25 \\ \times \quad 1.2 \\ \hline \end{array}$$

⑦
$$\begin{array}{r} 3.12 \\ \times 0.21 \\ \hline \end{array}$$

⑧
$$\begin{array}{r} 2.8 \\ \times 0.34 \\ \hline \end{array}$$

⑨
$$\begin{array}{r} 4.8 \\ \times 0.15 \\ \hline \end{array}$$

⑩
$$\begin{array}{r} 3.6 \\ \times 0.75 \\ \hline \end{array}$$

⑪
$$\begin{array}{r} 1.56 \\ \times 0.45 \\ \hline \end{array}$$

⑫
$$\begin{array}{r} 1.75 \\ \times 0.52 \\ \hline \end{array}$$

勉強した日　　月　　日

9 小数のかけ算 ③

練習

答えは別さつ２ページ

①～④：１問７点　⑤～⑫：１問９点

点数　　点

かけ算をしましょう。

① 3.5×1.2

② 1.6×4.5

③ 2.9×0.3

④ 3.17×0.2

⑤ 4.05×2.8

⑥ 5.25×1.6

⑦ 1.8×0.53

⑧ 2.86×0.32

⑨ 4.27×0.14

⑩ 2.5×0.48

⑪ 3.92×0.15

⑫ 3.24×0.25

勉強した日　　月　　日

10 小数のかけ算のまとめ
めいろゲーム

▶▶▶ 答えは別さつ2ページ

次のルールにしたがって進み，宝箱を手に入れましょう。

ルール
・積の小数点より右のけた数が多いほうに進む。
・積の小数点より右のけた数が同じときは，積が大きいほうに進む。

11 小数のわり算 ①

理解

▶▶▶答えは別さつ2ページ

点数　　点

①・②：1問20点　③・④：1問30点

わり切れるまで計算しましょう。

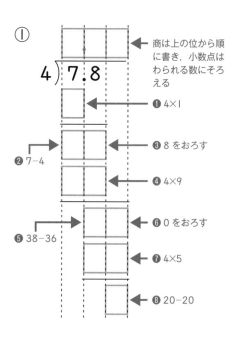

①

4)7.8

商は上の位から順に書き，小数点はわられる数にそろえる

❶ 4×1

❷ 7−4

❸ 8をおろす

❹ 4×9

❺ 38−36

❻ 0をおろす

❼ 4×5

❽ 20−20

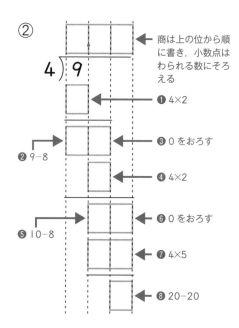

②

4)9

商は上の位から順に書き，小数点はわられる数にそろえる

❶ 4×2

❷ 9−8

❸ 0をおろす

❹ 4×2

❺ 10−8

❻ 0をおろす

❼ 4×5

❽ 20−20

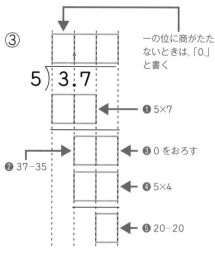

③

5)3.7

一の位に商がたたないときは，「0.」と書く

❶ 5×7

❷ 37−35

❸ 0をおろす

❹ 5×4

❺ 20−20

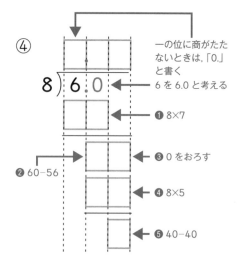

④

8)6.0

一の位に商がたたないときは，「0.」と書く

6を6.0と考える

❶ 8×7

❷ 60−56

❸ 0をおろす

❹ 8×5

❺ 40−40

勉強した日　　月　　日

12 小数のわり算①

練習

▶▶▶ 答えは別さつ２ページ

点数　　点

①〜④：１問 10 点　⑤〜⑨：１問 12 点

わり切れるまで計算しましょう。

① $6\overline{)\,7.5}$

② $5\overline{)\,6.9}$

③ $2\overline{)\,7.3}$

④ $4\overline{)\,5}$

⑤ $6\overline{)\,3.9}$

⑥ $5\overline{)\,2.3}$

⑦ $4\overline{)\,6.1}$

⑧ $8\overline{)\,5.4}$

⑨ $8\overline{)\,3}$

勉強した日　　月　　日

13 小数のわり算①

練習

▶▶▶答えは別さつ3ページ

点数　　点

①～④：1問10点　⑤～⑨：1問12点

わり切れるまで計算しましょう。

① $4\overline{)\,4.6}$

② $5\overline{)\,9.1}$

③ $6\overline{)\,16.5}$

④ $8\overline{)\,2}$

⑤ $5\overline{)\,3.8}$

⑥ $12\overline{)\,5.4}$

⑦ $16\overline{)\,10.8}$

⑧ $4\overline{)\,12.7}$

⑨ $8\overline{)\,17}$

勉強した日　　月　　日

14 小数のわり算 ②

理解

▶▶▶答えは別さつ3ページ

点数　　点

①・②：1問20点　③・④：1問30点

わり切れるまで計算しましょう。

①

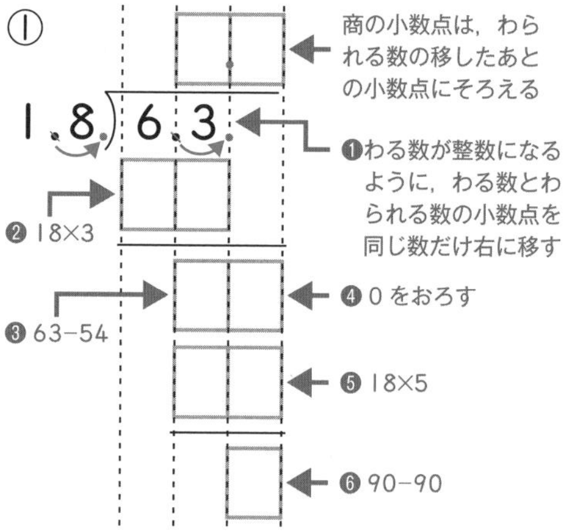
1.8)6.3
商の小数点は，わられる数の移したあとの小数点にそろえる
❶わる数が整数になるように，わる数とわられる数の小数点を同じ数だけ右に移す
❷ 18×3
❸ 63−54
❹ 0をおろす
❺ 18×5
❻ 90−90

②

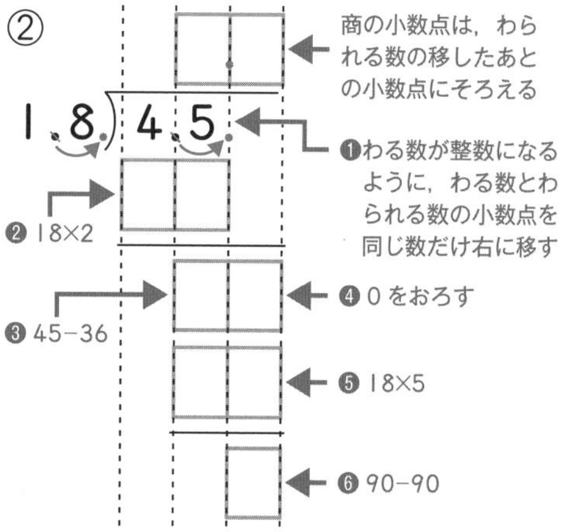
1.8)4.5
商の小数点は，わられる数の移したあとの小数点にそろえる
❶わる数が整数になるように，わる数とわられる数の小数点を同じ数だけ右に移す
❷ 18×2
❸ 45−36
❹ 0をおろす
❺ 18×5
❻ 90−90

③

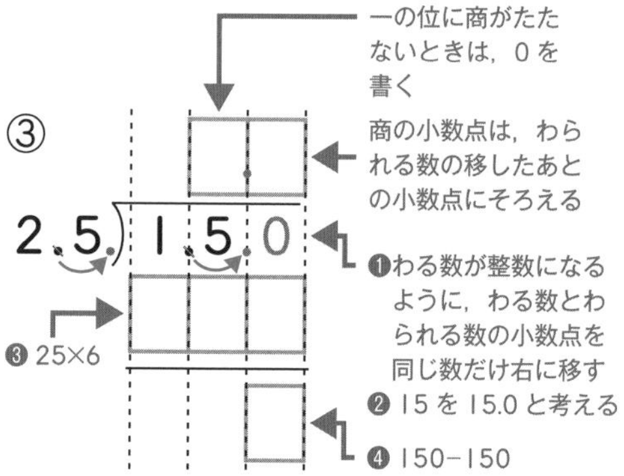
一の位に商がたたないときは，0を書く
2.5)1.50
商の小数点は，わられる数の移したあとの小数点にそろえる
❶わる数が整数になるように，わる数とわられる数の小数点を同じ数だけ右に移す
❷ 15を15.0と考える
❸ 25×6
❹ 150−150

④

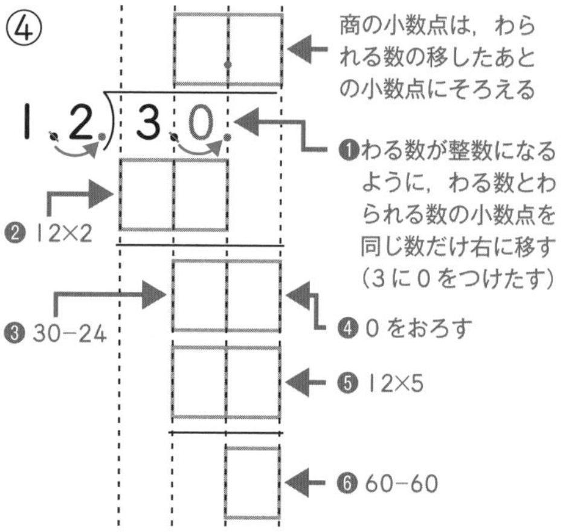
1.2)3.0
商の小数点は，わられる数の移したあとの小数点にそろえる
❶わる数が整数になるように，わる数とわられる数の小数点を同じ数だけ右に移す（3に0をつけたす）
❷ 12×2
❸ 30−24
❹ 0をおろす
❺ 12×5
❻ 60−60

勉強した日　　月　　日

15 小数のわり算 ②

練習

▶▶▶ 答えは別さつ 3 ページ

点数　　点

①～④：1 問 10 点　⑤～⑨：1 問 12 点

わり切れるまで計算しましょう。

①
1.3) 9.1

②
7.2) 28.8

③
1.5) 2.7

④
6.5) 7.8

⑤
7.6) 11.4

⑥
2.8) 7

⑦
2.4) 1.2

⑧
4.8) 18

⑨
1.6) 10

勉強した日　　月　　日

16 小数のわり算 ②

練習

▶▶▶答えは別さつ 3 ページ

点数　　点

①～④：1 問 10 点　⑤～⑨：1 問 12 点

わり切れるまで計算しましょう。

① 1.7) 8.5

② 2.4) 3.6

③ 1.2) 4.2

④ 5.2) 1.3

⑤ 2.8) 14.7

⑥ 1.4) 21

⑦ 7.5) 9

⑧ 3.2) 28

⑨ 8.8) 55

17 小数のわり算③

理解

▶▶▶答えは別さつ3ページ

点数　　点

①・②：1問20点　③・④：1問30点

わり切れるまで計算しましょう。

①

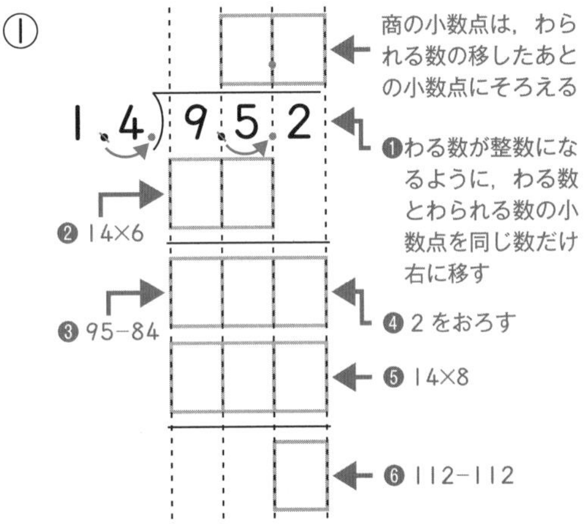
1.4)9.5 2
商の小数点は，わられる数の移したあとの小数点にそろえる
❶わる数が整数になるように，わる数とわられる数の小数点を同じ数だけ右に移す
❷ 14×6
❸ 95−84
❹ 2をおろす
❺ 14×8
❻ 112−112

②

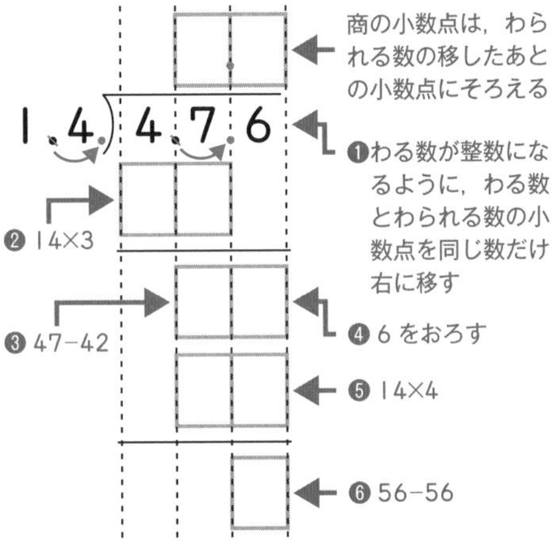
1.4)4.7 6
商の小数点は，わられる数の移したあとの小数点にそろえる
❶わる数が整数になるように，わる数とわられる数の小数点を同じ数だけ右に移す
❷ 14×3
❸ 47−42
❹ 6をおろす
❺ 14×4
❻ 56−56

③

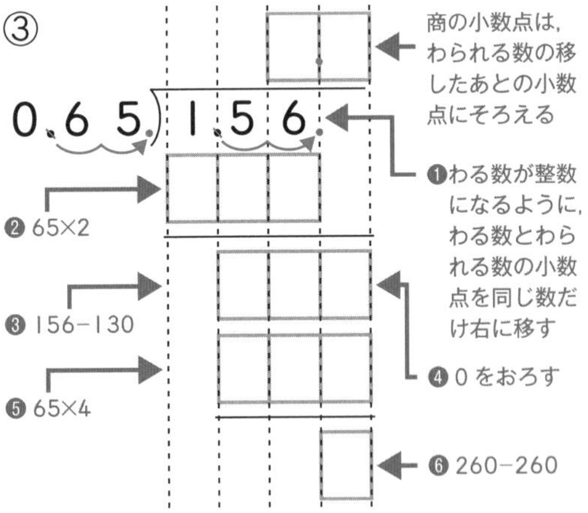
0.6 5)1.5 6
商の小数点は，わられる数の移したあとの小数点にそろえる
❶わる数が整数になるように，わる数とわられる数の小数点を同じ数だけ右に移す
❷ 65×2
❸ 156−130
❹ 0をおろす
❺ 65×4
❻ 260−260

④

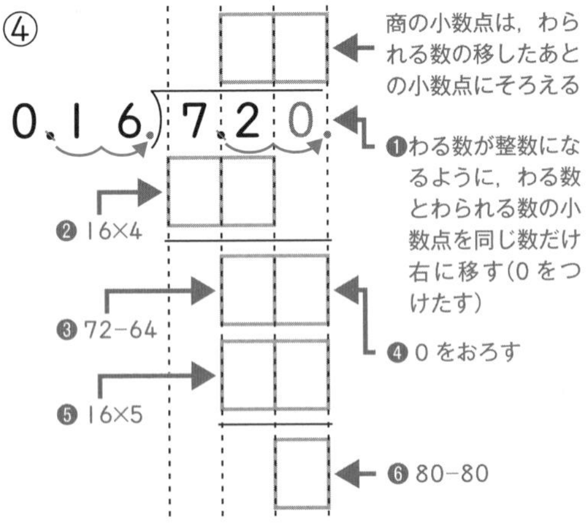
0.1 6)7.2 0
商の小数点は，わられる数の移したあとの小数点にそろえる
❶わる数が整数になるように，わる数とわられる数の小数点を同じ数だけ右に移す(0をつけたす)
❷ 16×4
❸ 72−64
❹ 0をおろす
❺ 16×5
❻ 80−80

勉強した日　　月　　日

18 小数のわり算③

練習

▶▶▶答えは別さつ3ページ

点数　　　点

①〜④：1問10点　⑤〜⑨：1問12点

わり切れるまで計算しましょう。

① 2.7) 3.78

② 3.9) 6.24

③ 1.2) 4.38

④ 6.5) 2.34

⑤ 0.42) 0.63

⑥ 0.18) 1.17

⑦ 0.25) 1.14

⑧ 0.26) 1.3

⑨ 0.85) 6.8

勉強した日　　月　　日

19 小数のわり算 ③

練習

▶▶▶答えは別さつ 3 ページ

①～④：1 問 10 点　⑤～⑨：1 問 12 点

点数　　　点

わり切れるまで計算しましょう。

①
$1.3\overline{)\,2.73}$

②
$0.9\overline{)\,7.83}$

③
$1.6\overline{)\,8.08}$

④
$3.5\overline{)\,1.68}$

⑤
$0.36\overline{)\,3.06}$

⑥
$0.75\overline{)\,3.24}$

⑦
$0.45\overline{)\,3.6}$

⑧
$0.15\overline{)\,5.7}$

⑨
$0.56\overline{)\,1.4}$

ニガテ

勉強した日　　月　　日

20 あまりのある小数のわり算①

理解

▶▶▶答えは別さつ3ページ

点数　　点

①・②：1問20点　③・④：1問30点

商を一の位まで求めて，あまりもだしましょう。

①

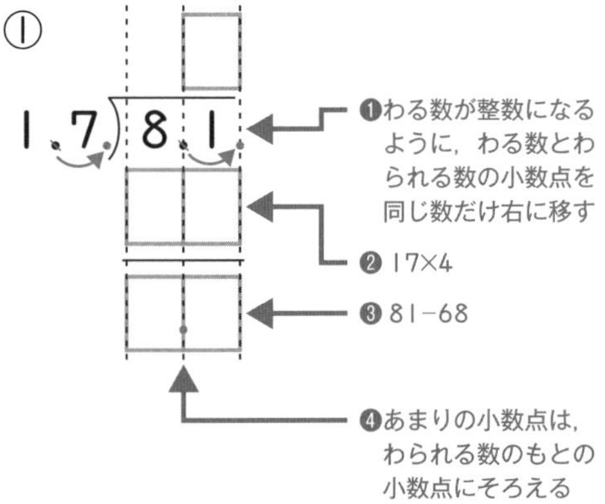

1.7)8.1
❶わる数が整数になるように，わる数とわられる数の小数点を同じ数だけ右に移す
❷17×4
❸81−68
❹あまりの小数点は，わられる数のもとの小数点にそろえる

②

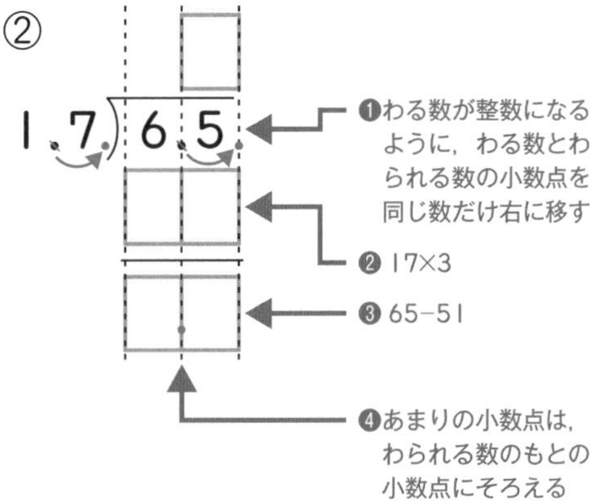

1.7)6.5
❶わる数が整数になるように，わる数とわられる数の小数点を同じ数だけ右に移す
❷17×3
❸65−51
❹あまりの小数点は，わられる数のもとの小数点にそろえる

③

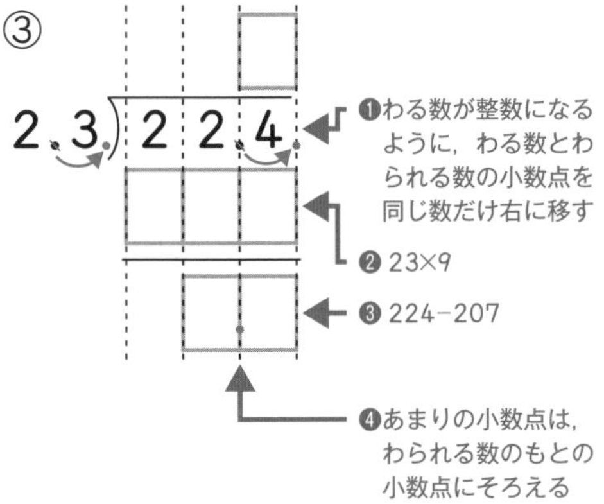

2.3)22.4
❶わる数が整数になるように，わる数とわられる数の小数点を同じ数だけ右に移す
❷23×9
❸224−207
❹あまりの小数点は，わられる数のもとの小数点にそろえる

④

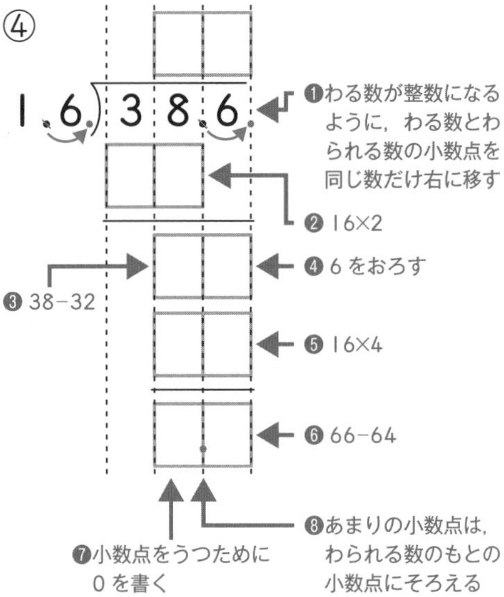

1.6)38.6
❶わる数が整数になるように，わる数とわられる数の小数点を同じ数だけ右に移す
❷16×2
❸38−32
❹6をおろす
❺16×4
❻66−64
❼小数点をうつために0を書く
❽あまりの小数点は，わられる数のもとの小数点にそろえる

ニガテ

勉強した日　　月　　日

21 あまりのある小数のわり算①

練習

▶▶▶答えは別さつ4ページ

点数　　点

①～④：1問10点　⑤～⑨：1問12点

商を一の位まで求めて，あまりもだしましょう。

①
1.3) 7.6

②
2.1) 14.1

③
4.2) 15.2

④
2.7) 11.5

⑤
1.8) 22.8

⑥
3.5) 37.3

⑦
2.2) 39.9

⑧
0.7) 13.8

⑨
0.8) 17.4

ニガテ

勉強した日　月　日

22 あまりのある小数のわり算①

練習

▶▶▶答えは別さつ4ページ

点数　　点

①〜④：1問10点　⑤〜⑨：1問12点

商を一の位まで求めて，あまりもだしましょう。

①

$1.4\overline{)\,9.6}$

②

$3.3\overline{)\,18.8}$

③

$0.9\overline{)\,7.9}$

④

$2.6\overline{)\,11.2}$

⑤

$1.7\overline{)\,26.8}$

⑥

$1.3\overline{)\,31.8}$

⑦

$0.6\overline{)\,20.8}$

⑧

$3.7\overline{)\,52.7}$

⑨

$1.5\overline{)\,46.8}$

ニガテ

勉強した日　　月　　日

23 あまりのある小数のわり算②

理解

▶▶▶答えは別さつ4ページ

点数　　点

①・②：1問20点　③・④：1問30点

商を $\frac{1}{10}$ の位まで求めて，あまりもだしましょう。

①

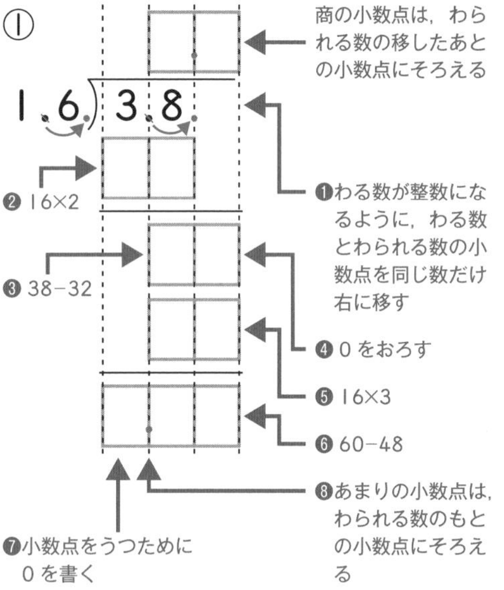

1.6)3.8
商の小数点は，われる数の移したあとの小数点にそろえる
❶わる数が整数になるように，わる数とわられる数の小数点を同じ数だけ右に移す
❷ 16×2
❸ 38−32
❹ 0をおろす
❺ 16×3
❻ 60−48
❼小数点をうつために0を書く
❽あまりの小数点は，わられる数のもとの小数点にそろえる

②

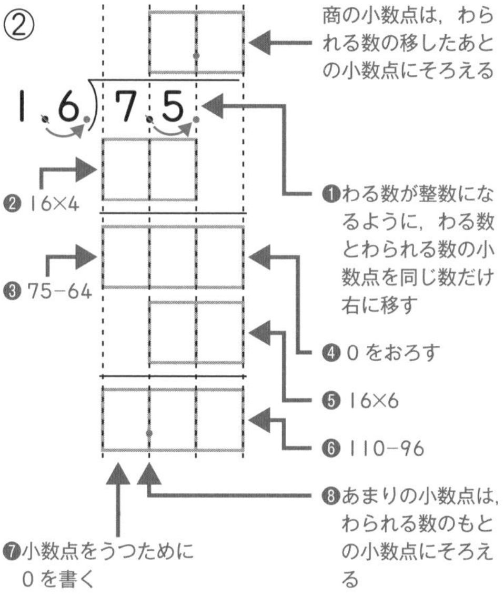

1.6)7.5
商の小数点は，われる数の移したあとの小数点にそろえる
❶わる数が整数になるように，わる数とわられる数の小数点を同じ数だけ右に移す
❷ 16×4
❸ 75−64
❹ 0をおろす
❺ 16×6
❻ 110−96
❼小数点をうつために0を書く
❽あまりの小数点は，わられる数のもとの小数点にそろえる

③

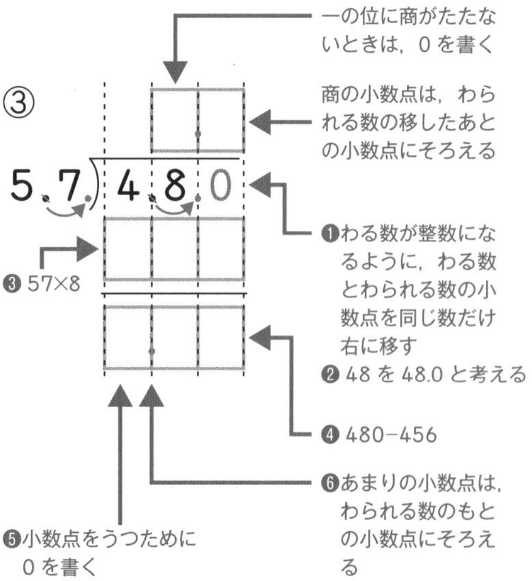

一の位に商がたたないときは，0を書く
5.7)4.8 0
商の小数点は，われる数の移したあとの小数点にそろえる
❶わる数が整数になるように，わる数とわられる数の小数点を同じ数だけ右に移す
❷ 48を48.0と考える
❸ 57×8
❹ 480−456
❺小数点をうつために0を書く
❻あまりの小数点は，わられる数のもとの小数点にそろえる

④

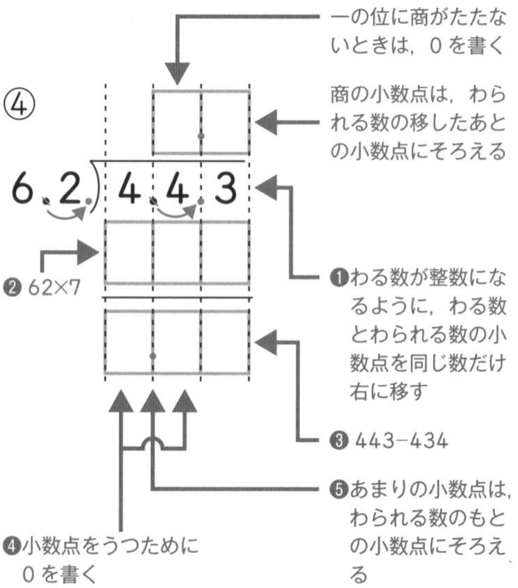

一の位に商がたたないときは，0を書く
6.2)4.4 3
商の小数点は，われる数の移したあとの小数点にそろえる
❶わる数が整数になるように，わる数とわられる数の小数点を同じ数だけ右に移す
❷ 62×7
❸ 443−434
❹小数点をうつために0を書く
❺あまりの小数点は，わられる数のもとの小数点にそろえる

勉強した日　　月　　日

24 あまりのある小数のわり算②

練習

▶▶▶ 答えは別さつ4ページ

点数　　点

①～④：1問10点　⑤～⑨：1問12点

商を $\frac{1}{10}$ の位まで求めて，あまりもだしましょう。

①
1.8）5.7

②
2.6）4.4

③
3.4）14.8

④
2.3）42.7

⑤
3.8）29.4

⑥
0.7）46.1

⑦
5.4）2.11

⑧
0.8）7.71

⑨
7.4）2.99

勉強した日　　月　　日

25 あまりのある小数のわり算 ②　練習

▶▶▶答えは別さつ4ページ

点数　　点

①～④：1問10点　⑤～⑨：1問12点

商を $\frac{1}{10}$ の位まで求めて，あまりもだしましょう。

① $1.2\overline{)3.9}$

② $0.9\overline{)3.2}$

③ $2.4\overline{)13.1}$

④ $3.3\overline{)6.48}$

⑤ $5.2\overline{)3.39}$

⑥ $0.6\overline{)4.73}$

⑦ $4.5\overline{)3.05}$

⑧ $3.7\overline{)3.02}$

⑨ $0.7\overline{)6.07}$

26 3つの数の計算①

理解

答えは別さつ4ページ

点数　点

①・②：1問11点　③〜⑧：1問13点

計算をしましょう。

① $1.2 \times (2 + 3.2) = \square \times \square = \square$

かっこの中を先に計算する

② $1.2 \times (4.3 + 4) = \square \times \square = \square$

かっこの中を先に計算する

③ $7.2 \div (5 - 3.8) = \square \div \square = \square$

かっこの中を先に計算する

④ $9.6 \div (1.8 + 1.4) = \square \div \square = \square$

かっこの中を先に計算する

⑤ $(2.2 + 1.3) \times 3.4 = \square \times \square = \square$

かっこの中を先に計算する

⑥ $(5.3 - 2.8) \times 1.5 = \square \times \square = \square$

かっこの中を先に計算する

⑦ $(1.4 + 6.4) \div 1.3 = \square \div \square = \square$

かっこの中を先に計算する

⑧ $(8.8 - 2.5) \div 1.4 = \square \div \square = \square$

かっこの中を先に計算する

ニガテ

勉強した日　　月　　日

27 3つの数の計算 ①

練習

▶▶▶答えは別さつ5ページ

点数　　点

①〜⑤：1問8点　⑥〜⑪：1問10点

計算をしましょう。

① 1.4 × (3 + 1.7)

② 2.1 × (7 − 3.8)

③ 3.4 × (4.2 + 3.3)

④ 7.8 ÷ (1.5 + 2.4)

⑤ 8.5 ÷ (4.9 − 3.2)

⑥ 10.5 ÷ (5 − 3.6)

⑦ (2.7 + 1.5) × 2.3

⑧ (5.4 − 4.5) × 3.5

⑨ (7.5 + 0.9) ÷ 1.6

⑩ (9.8 − 3.5) ÷ 4.2

⑪ (10 − 4.6) ÷ 3.6

ニガテ

勉強した日　　月　　日

28 3つの数の計算 ②

理解

▶▶▶ 答えは別さつ5ページ

点数　　点

①・②：1問11点　③～⑧：1問13点

計算をしましょう。

① $3.2 + \underline{1.5 \times 4} =$ □ $+$ □ $=$ □

かけ算を先に計算する

② $4.5 + \underline{1.5 \times 1.6} =$ □ $+$ □ $=$ □

かけ算を先に計算する

③ $4.8 - \underline{1.2 \times 2.5} =$ □ $-$ □ $=$ □

かけ算を先に計算する

④ $5.9 - \underline{2.7 \times 2} =$ □ $-$ □ $=$ □

かけ算を先に計算する

⑤ $2.6 + \underline{3.6 \div 2} =$ □ $+$ □ $=$ □

わり算を先に計算する

⑥ $3.3 + \underline{5.6 \div 1.6} =$ □ $+$ □ $=$ □

わり算を先に計算する

⑦ $7.8 - \underline{6.9 \div 3} =$ □ $-$ □ $=$ □

わり算を先に計算する

⑧ $8.2 - \underline{7.2 \div 1.5} =$ □ $-$ □ $=$ □

わり算を先に計算する

ニガテ

勉強した日　月　日

29 3つの数の計算②

練習

▶▶▶答えは別さつ5ページ

①〜⑤：1問8点　⑥〜⑪：1問10点

点数　点

計算をしましょう。

① $2.4+3.2\times3$

② $3.5+1.4\times3.5$

③ $1.7+2.7\times3.4$

④ $9.7-4.9\times0.6$

⑤ $8.6-3.1\times1.8$

⑥ $5.2+9.8\div7$

⑦ $4.3+11.7\div1.8$

⑧ $7.7-2.7\div0.9$

⑨ $6.8-3.5\div2.8$

⑩ $9.6-6.6\div2.4$

⑪ $3.1+7.7\div4.4$

30

小数のわり算のまとめ

暗号ゲーム

▶▶▶答えは別さつ5ページ

わり切れるまで計算をして，
答えにあるひらがなを順番にならべましょう。

① 5）11.3

② 3.8）5.7

③ 7.5）63

④ 1.4）4.06

え 1.35	つ 3.25
き 1.5	い 2.64
お 1.9	が 3.8
ま 0.3	ゅ 8.4
う 2.9	や 2.26
て 1.2	り 2.75

いっしょに

①	②	③	④

を見に行こう。

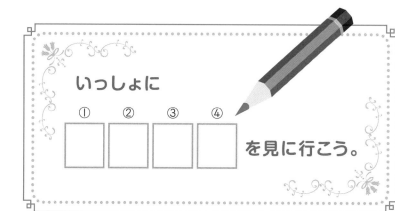

勉強した日　月　日

31 分母が同じ分数のたし算 ①

理解

▶▶▶答えは別さつ5ページ

点数　点

①・②：1問8点　③～⑧：1問14点

たし算をしましょう。

分子どうしをたす

① $\frac{1}{4}+\frac{2}{4}=\frac{□}{□}$

分母はそのまま

分子どうしをたす

② $\frac{1}{5}+\frac{2}{5}=\frac{□}{□}$

分母はそのまま

分子どうしをたす

③ $\frac{3}{6}+\frac{2}{6}=\frac{□}{□}$

分母はそのまま

分子どうしをたす

④ $\frac{4}{9}+\frac{4}{9}=\frac{□}{□}$

分母はそのまま

分子どうしをたす

⑤ $\frac{6}{7}+\frac{5}{7}=\frac{□}{□}=□\frac{□}{□}$

分母はそのまま

＊答えは帯分数になおしてもよい

分子どうしをたす

⑥ $\frac{2}{3}+\frac{2}{3}=\frac{□}{□}=□\frac{□}{□}$

分母はそのまま

＊答えは帯分数になおしてもよい

分子どうしをたす

⑦ $\frac{5}{8}+\frac{3}{8}=\frac{□}{□}=□$

分母はそのまま　整数になおす

分子どうしをたす

⑧ $\frac{1}{6}+\frac{5}{6}=\frac{□}{□}=□$

分母はそのまま　整数になおす

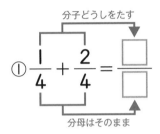

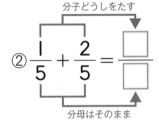

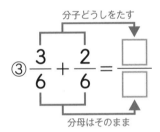

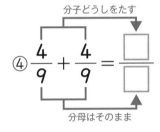

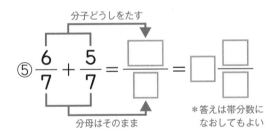

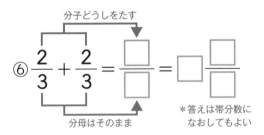

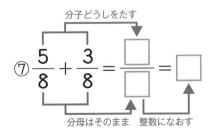

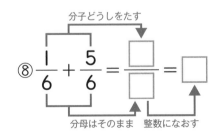

勉強した日　　月　　日

32 分母が同じ分数のたし算 ①

練習

▶▶▶ 答えは別さつ６ページ

点数　　点

①〜⑧：１問５点　⑨〜⑱：１問６点

たし算をしましょう。

① $\frac{1}{3}+\frac{1}{3}$

② $\frac{4}{7}+\frac{2}{7}$

③ $\frac{2}{9}+\frac{5}{9}$

④ $\frac{3}{10}+\frac{4}{10}$

⑤ $\frac{2}{5}+\frac{2}{5}$

⑥ $\frac{5}{12}+\frac{2}{12}$

⑦ $\frac{3}{11}+\frac{6}{11}$

⑧ $\frac{4}{8}+\frac{1}{8}$

⑨ $\frac{5}{6}+\frac{2}{6}$

⑩ $\frac{5}{7}+\frac{6}{7}$

⑪ $\frac{11}{15}+\frac{8}{15}$

⑫ $\frac{9}{13}+\frac{12}{13}$

⑬ $\frac{2}{4}+\frac{3}{4}$

⑭ $\frac{2}{9}+\frac{7}{9}$

⑮ $\frac{4}{5}+\frac{1}{5}$

⑯ $\frac{5}{10}+\frac{5}{10}$

⑰ $\frac{8}{11}+\frac{3}{11}$

⑱ $\frac{7}{12}+\frac{5}{12}$

33 分母が同じ分数のたし算②

理解

▶▶▶答えは別さつ6ページ

点数　　点

①・②：1問8点　③〜⑧：1問14点

たし算をしましょう。

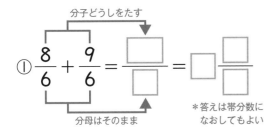

① $\frac{8}{6}+\frac{9}{6}=\frac{\square}{\square}=\square\frac{\square}{\square}$

分子どうしをたす

分母はそのまま

＊答えは帯分数になおしてもよい

② $\frac{8}{7}+\frac{9}{7}=\frac{\square}{\square}=\square\frac{\square}{\square}$

分子どうしをたす

分母はそのまま

＊答えは帯分数になおしてもよい

③ $\frac{7}{4}+\frac{6}{4}=\frac{\square}{\square}=\square\frac{\square}{\square}$

分子どうしをたす

分母はそのまま

＊答えは帯分数になおしてもよい

④ $\frac{4}{3}+\frac{4}{3}=\frac{\square}{\square}=\square\frac{\square}{\square}$

分子どうしをたす

分母はそのまま

＊答えは帯分数になおしてもよい

⑤ $\frac{6}{5}+\frac{8}{5}=\frac{\square}{\square}=\square\frac{\square}{\square}$

分子どうしをたす

分母はそのまま

＊答えは帯分数になおしてもよい

⑥ $\frac{12}{8}+\frac{9}{8}=\frac{\square}{\square}=\square\frac{\square}{\square}$

分子どうしをたす

分母はそのまま

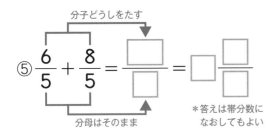

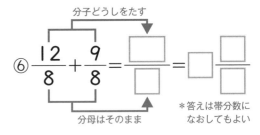

＊答えは帯分数になおしてもよい

⑦ $\frac{5}{2}+\frac{3}{2}=\frac{\square}{\square}=\square$

分子どうしをたす

分母はそのまま　整数になおす

⑧ $\frac{7}{4}+\frac{5}{4}=\frac{\square}{\square}=\square$

分子どうしをたす

分母はそのまま　整数になおす

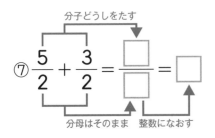

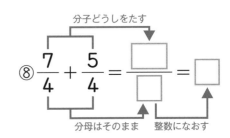

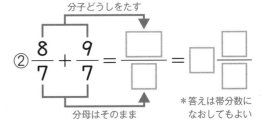

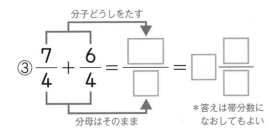

34 分母が同じ分数のたし算 ②

練習

▶▶▶答えは別さつ6ページ

点数　　点

①〜⑧：1問5点　⑨〜⑱：1問6点

たし算をしましょう。

① $\frac{5}{4}+\frac{6}{4}$

② $\frac{7}{6}+\frac{10}{6}$

③ $\frac{12}{9}+\frac{11}{9}$

④ $\frac{10}{7}+\frac{9}{7}$

⑤ $\frac{12}{11}+\frac{14}{11}$

⑥ $\frac{5}{3}+\frac{5}{3}$

⑦ $\frac{9}{8}+\frac{12}{8}$

⑧ $\frac{14}{10}+\frac{17}{10}$

⑨ $\frac{12}{5}+\frac{14}{5}$

⑩ $\frac{9}{4}+\frac{14}{4}$

⑪ $\frac{8}{3}+\frac{11}{3}$

⑫ $\frac{18}{13}+\frac{19}{13}$

⑬ $\frac{5}{2}+\frac{7}{2}$

⑭ $\frac{9}{4}+\frac{7}{4}$

⑮ $\frac{13}{5}+\frac{17}{5}$

⑯ $\frac{13}{7}+\frac{15}{7}$

⑰ $\frac{19}{12}+\frac{17}{12}$

⑱ $\frac{11}{6}+\frac{19}{6}$

35 分母が同じ分数のたし算 ③

理解

▶▶▶ 答えは別さつ 6 ページ

点数　　点

①・②：1 問 8 点　③〜⑧：1 問 14 点

たし算をしましょう。

① 整数部分をたす

$1\frac{2}{4}+1\frac{1}{4}=\square\frac{\square}{\square}$

分母はそのままで，分子どうしをたす

② 整数部分をたす

$1\frac{2}{5}+1\frac{1}{5}=\square\frac{\square}{\square}$

分母はそのままで，分子どうしをたす

③ 整数部分をたす

$1\frac{1}{3}+3\frac{1}{3}=\square\frac{\square}{\square}$

分母はそのままで，分子どうしをたす

④ 整数部分をたす

$3\frac{3}{5}+2\frac{1}{5}=\square\frac{\square}{\square}$

分母はそのままで，分子どうしをたす

⑤ 整数部分をたす

$4\frac{3}{8}+1\frac{4}{8}=\square\frac{\square}{\square}$

分母はそのままで，分子どうしをたす

⑥ 整数部分をたす

$2\frac{3}{10}+3\frac{6}{10}=\square\frac{\square}{\square}$

分母はそのままで，分子どうしをたす

⑦ 整数部分はそのまま

$3\frac{4}{9}+\frac{3}{9}=\square\frac{\square}{\square}$

分母はそのままで，分子どうしをたす

⑧ 整数部分はそのまま

$\frac{4}{7}+2\frac{2}{7}=\square\frac{\square}{\square}$

分母はそのままで，分子どうしをたす

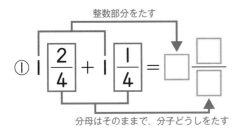

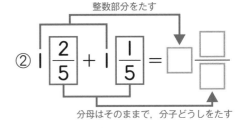

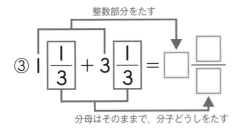

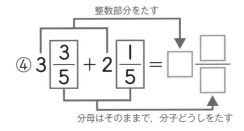

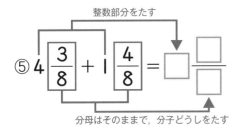

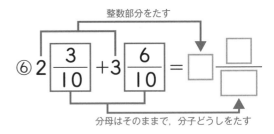

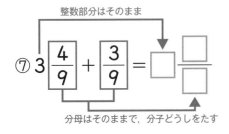

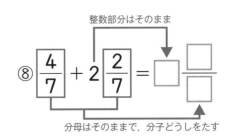

36 分母が同じ分数のたし算 ③

練習

▶▶▶答えは別さつ6ページ

点数　　点

①〜⑧：1問5点　⑨〜⑱：1問6点

たし算をしましょう。

① $1\frac{3}{5}+1\frac{1}{5}$

② $2\frac{3}{7}+2\frac{3}{7}$

③ $1\frac{2}{8}+2\frac{1}{8}$

④ $2\frac{1}{6}+2\frac{4}{6}$

⑤ $3\frac{7}{10}+2\frac{2}{10}$

⑥ $1\frac{4}{9}+3\frac{1}{9}$

⑦ $2\frac{2}{7}+2\frac{4}{7}$

⑧ $1\frac{2}{8}+4\frac{3}{8}$

⑨ $5\frac{3}{6}+1\frac{2}{6}$

⑩ $4\frac{2}{5}+3\frac{2}{5}$

⑪ $1\frac{5}{9}+4\frac{2}{9}$

⑫ $3\frac{4}{11}+5\frac{6}{11}$

⑬ $2\frac{3}{8}+4\frac{4}{8}$

⑭ $3\frac{3}{10}+3\frac{6}{10}$

⑮ $4\frac{2}{5}+\frac{2}{5}$

⑯ $3\frac{1}{4}+\frac{2}{4}$

⑰ $\frac{2}{8}+3\frac{5}{8}$

⑱ $\frac{1}{9}+4\frac{4}{9}$

勉強した日　　月　　日

37 分母が同じ分数のたし算④

理解

▶▶▶答えは別さつ6ページ

点数　　点

①・②：1問20点　③・④：1問30点

たし算をしましょう。

整数部分をたす　整数部分にくり上げる

① $1\frac{6}{8}+1\frac{7}{8}=\square\frac{\square}{\square}=\square\frac{\square}{\square}$

分母はそのままで，分子どうしをたす

整数部分をたす　整数部分にくり上げる

② $1\frac{6}{9}+2\frac{7}{9}=\square\frac{\square}{\square}=\square\frac{\square}{\square}$

分母はそのままで，分子どうしをたす

整数部分をたす　整数部分にくり上げる

③ $2\frac{4}{7}+2\frac{5}{7}=\square\frac{\square}{\square}=\square\frac{\square}{\square}$

分母はそのままで，分子どうしをたす

整数部分はそのまま　整数部分にくり上げる

④ $2\frac{5}{10}+\frac{8}{10}=\square\frac{\square}{\square}=\square\frac{\square}{\square}$

分母はそのままで，分子どうしをたす

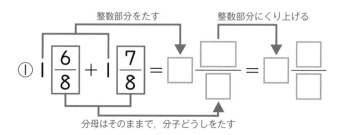

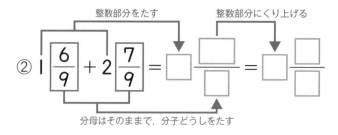

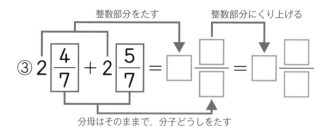

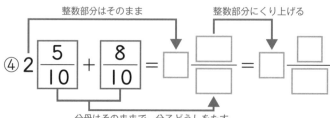

38 分母が同じ分数のたし算 ④

練習

答えは別さつ 7 ページ

点数　点

①～④：1 問 10 点　⑤～⑨：1 問 12 点

たし算をしましょう。

① $1\frac{2}{3}+2\frac{2}{3}$

② $3\frac{3}{5}+1\frac{4}{5}$

③ $4\frac{3}{8}+2\frac{6}{8}$

④ $3\frac{5}{6}+5\frac{2}{6}$

⑤ $5\frac{4}{9}+2\frac{7}{9}$

⑥ $2\frac{11}{12}+6\frac{8}{12}$

⑦ $9\frac{3}{4}+\frac{2}{4}$

⑧ $4\frac{4}{7}+\frac{6}{7}$

⑨ $\frac{8}{9}+3\frac{5}{9}$

勉強した日　　月　　日

39

分数のたし算のまとめ①

暗号ゲーム

▶▶▶答えは別さつ7ページ

カゴにかいてあるたし算の答えの分子が
大きいほうから順に，ひらがなをならべましょう。答えが
帯分数になおせるときは帯分数になおしてならべます。

40 分母が同じ分数のひき算 ①

理解

▶▶▶答えは別さつ7ページ

点数　点

①・②：1問8点　③～⑧：1問14点

ひき算をしましょう。

分子どうしをひく

① $\frac{4}{5}-\frac{1}{5}=\frac{\square}{\square}$

分母はそのまま

分子どうしをひく

② $\frac{4}{7}-\frac{1}{7}=\frac{\square}{\square}$

分母はそのまま

分子どうしをひく

③ $\frac{5}{9}-\frac{1}{9}=\frac{\square}{\square}$

分母はそのまま

分子どうしをひく

④ $\frac{3}{4}-\frac{2}{4}=\frac{\square}{\square}$

分母はそのまま

分子どうしをひく

⑤ $\frac{8}{11}-\frac{4}{11}=\frac{\square}{\square}$

分母はそのまま

分子どうしをひく

⑥ $\frac{9}{10}-\frac{6}{10}=\frac{\square}{\square}$

分母はそのまま

分子どうしをひく

⑦ $\frac{4}{3}-\frac{2}{3}=\frac{\square}{\square}$

分母はそのまま

分子どうしをひく

⑧ $\frac{7}{5}-\frac{3}{5}=\frac{\square}{\square}$

分母はそのまま

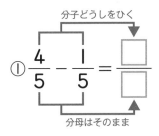

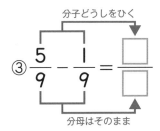

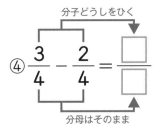

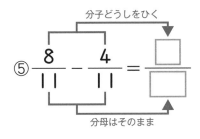

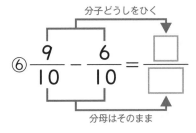

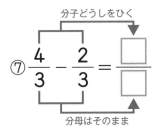

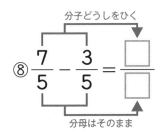

勉強した日　　月　　日

41 分母が同じ分数のひき算 ①

練習

▶▶▶答えは別さつ7ページ

点数　　点

①～⑧：1問5点　⑨～⑱：1問6点

ひき算をしましょう。

① $\frac{2}{3}-\frac{1}{3}$

② $\frac{4}{5}-\frac{2}{5}$

③ $\frac{5}{7}-\frac{3}{7}$

④ $\frac{7}{8}-\frac{4}{8}$

⑤ $\frac{9}{10}-\frac{2}{10}$

⑥ $\frac{8}{9}-\frac{4}{9}$

⑦ $\frac{9}{11}-\frac{6}{11}$

⑧ $\frac{6}{7}-\frac{1}{7}$

⑨ $\frac{7}{9}-\frac{5}{9}$

⑩ $\frac{8}{7}-\frac{2}{7}$

⑪ $\frac{7}{5}-\frac{4}{5}$

⑫ $\frac{11}{8}-\frac{6}{8}$

⑬ $\frac{14}{10}-\frac{5}{10}$

⑭ $\frac{7}{6}-\frac{2}{6}$

⑮ $\frac{5}{4}-\frac{2}{4}$

⑯ $\frac{15}{11}-\frac{10}{11}$

⑰ $\frac{14}{9}-\frac{6}{9}$

⑱ $\frac{16}{12}-\frac{11}{12}$

勉強した日　　月　　日

42 分母が同じ分数のひき算 ②

理解

▶▶▶ 答えは別さつ 7 ページ

点数　　点

①・②：1 問 8 点　③〜⑧：1 問 14 点

ひき算をしましょう。

分子どうしをひく／分母はそのまま

① $\frac{8}{5}-\frac{7}{5}=\frac{\square}{\square}$

② $\frac{8}{3}-\frac{7}{3}=\frac{\square}{\square}$

③ $\frac{10}{7}-\frac{8}{7}=\frac{\square}{\square}$

④ $\frac{14}{10}-\frac{11}{10}=\frac{\square}{\square}$

⑤ $\frac{18}{7}-\frac{9}{7}=\frac{\square}{\square}=\square\frac{\square}{\square}$

＊答えは帯分数になおしてもよい

⑥ $\frac{14}{5}-\frac{6}{5}=\frac{\square}{\square}=\square\frac{\square}{\square}$

＊答えは帯分数になおしてもよい

⑦ $\frac{19}{6}-\frac{7}{6}=\frac{\square}{\square}=\square$

⑧ $\frac{17}{8}-\frac{9}{8}=\frac{\square}{\square}=\square$

43 分母が同じ分数のひき算 ②

練習

▶▶▶答えは別さつ７ページ

点数　　点

①〜⑧：１問５点　⑨〜⑱：１問６点

ひき算をしましょう。

① $\frac{7}{3}-\frac{5}{3}$

② $\frac{9}{5}-\frac{6}{5}$

③ $\frac{9}{4}-\frac{6}{4}$

④ $\frac{12}{7}-\frac{8}{7}$

⑤ $\frac{18}{10}-\frac{11}{10}$

⑥ $\frac{15}{8}-\frac{12}{8}$

⑦ $\frac{17}{9}-\frac{10}{9}$

⑧ $\frac{20}{11}-\frac{14}{11}$

⑨ $\frac{13}{4}-\frac{6}{4}$

⑩ $\frac{18}{5}-\frac{7}{5}$

⑪ $\frac{14}{3}-\frac{4}{3}$

⑫ $\frac{27}{10}-\frac{14}{10}$

⑬ $\frac{13}{4}-\frac{9}{4}$

⑭ $\frac{15}{6}-\frac{9}{6}$

⑮ $\frac{15}{2}-\frac{9}{2}$

⑯ $\frac{24}{7}-\frac{10}{7}$

⑰ $\frac{31}{8}-\frac{15}{8}$

⑱ $\frac{35}{11}-\frac{13}{11}$

44 分母が同じ分数のひき算 ③

理解

▶▶▶答えは別さつ 8 ページ

点数　　点

①・②：1 問 8 点　③〜⑧：1 問 14 点

ひき算をしましょう。

整数部分をひく

① $3\frac{4}{5} - 1\frac{3}{5} = \square\frac{\square}{\square}$

分母はそのままで，分子どうしをひく

整数部分をひく

② $2\frac{4}{7} - 1\frac{3}{7} = \square\frac{\square}{\square}$

分母はそのままで，分子どうしをひく

整数部分をひく

③ $5\frac{7}{8} - 2\frac{4}{8} = \square\frac{\square}{\square}$

分母はそのままで，分子どうしをひく

整数部分をひく

④ $7\frac{8}{10} - 6\frac{1}{10} = \square\frac{\square}{\square}$

分母はそのままで，分子どうしをひく

整数部分の差は 0

⑤ $3\frac{3}{4} - 3\frac{2}{4} = \frac{\square}{\square}$

分母はそのままで，分子どうしをひく

整数部分の差は 0

⑥ $2\frac{6}{7} - 2\frac{4}{7} = \frac{\square}{\square}$

分母はそのままで，分子どうしをひく

整数部分はそのまま

⑦ $1\frac{7}{9} - \frac{2}{9} = \square\frac{\square}{\square}$

分母はそのままで，分子どうしをひく

整数部分はそのまま

⑧ $3\frac{5}{6} - \frac{4}{6} = \square\frac{\square}{\square}$

分母はそのままで，分子どうしをひく

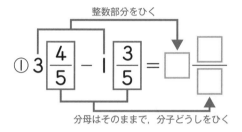

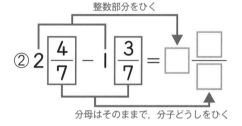

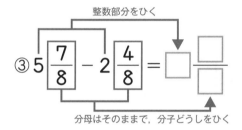

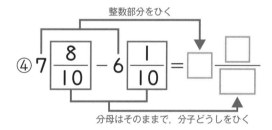

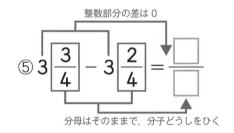

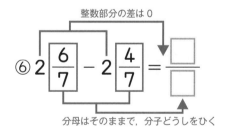

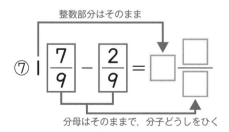

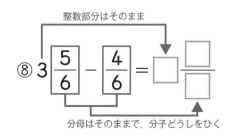

勉強した日　　月　　日

45 分母が同じ分数のひき算③

練習

答えは別さつ8ページ

①〜⑧：1問5点　⑨〜⑱：1問6点

点数　　点

ひき算をしましょう。

① $3\frac{2}{3}-2\frac{1}{3}$

② $4\frac{6}{7}-2\frac{2}{7}$

③ $6\frac{4}{5}-3\frac{1}{5}$

④ $8\frac{5}{6}-4\frac{4}{6}$

⑤ $5\frac{3}{4}-1\frac{2}{4}$

⑥ $7\frac{9}{10}-3\frac{2}{10}$

⑦ $9\frac{5}{8}-2\frac{2}{8}$

⑧ $8\frac{10}{11}-6\frac{8}{11}$

⑨ $2\frac{5}{7}-2\frac{3}{7}$

⑩ $5\frac{2}{4}-5\frac{1}{4}$

⑪ $3\frac{7}{9}-3\frac{5}{9}$

⑫ $8\frac{4}{5}-8\frac{3}{5}$

⑬ $4\frac{10}{11}-4\frac{7}{11}$

⑭ $2\frac{8}{10}-\frac{5}{10}$

⑮ $3\frac{6}{7}-\frac{4}{7}$

⑯ $4\frac{6}{9}-\frac{5}{9}$

⑰ $8\frac{7}{12}-\frac{2}{12}$

⑱ $5\frac{9}{11}-\frac{3}{11}$

勉強した日　　月　　日

46 分母が同じ分数のひき算 ④

理解

▶▶▶ 答えは別さつ 8 ページ

①・②：1 問 20 点　③・④：1 問 30 点

点数　　点

ひき算をしましょう。

整数部分をひく

① $3\frac{1}{4}-1\frac{2}{4}=\square\frac{\square}{\square}-\square\frac{\square}{\square}=\square\frac{\square}{\square}$

整数部分から 1 くり下げる　分母はそのままで，分子どうしをひく

整数部分をひく

② $4\frac{1}{5}-1\frac{2}{5}=\square\frac{\square}{\square}-\square\frac{\square}{\square}=\square\frac{\square}{\square}$

整数部分から 1 くり下げる　分母はそのままで，分子どうしをひく

整数部分の差は 0

③ $3\frac{2}{7}-2\frac{6}{7}=\square\frac{\square}{\square}-\square\frac{\square}{\square}=\frac{\square}{\square}$

整数部分から 1 くり下げる　分母はそのままで，分子どうしをひく

整数部分はそのまま

④ $4\frac{1}{8}-\frac{6}{8}=\square\frac{\square}{\square}-\frac{\square}{\square}=\square\frac{\square}{\square}$

整数部分から 1 くり下げる　分母はそのままで，分子どうしをひく

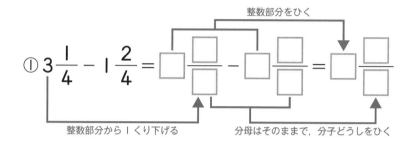

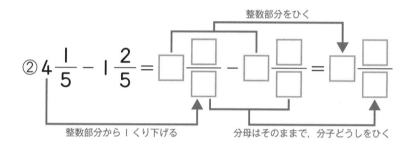

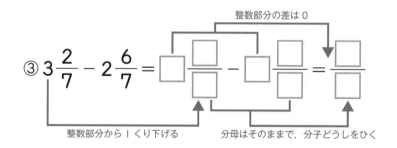

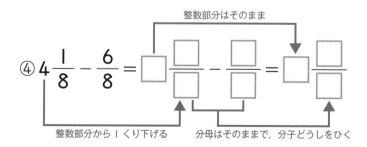

47 分母が同じ分数のひき算④ 練習

▶▶▶答えは別さつ 8 ページ

点数　点

①～④：1 問 10 点　⑤～⑨：1 問 12 点

ひき算をしましょう。

① $3\frac{2}{5} - 1\frac{4}{5}$

② $4\frac{1}{3} - 2\frac{2}{3}$

③ $6\frac{3}{7} - 2\frac{6}{7}$

④ $5\frac{2}{9} - 1\frac{4}{9}$

⑤ $3\frac{3}{8} - 2\frac{6}{8}$

⑥ $8\frac{5}{12} - 7\frac{10}{12}$

⑦ $2\frac{4}{6} - 1\frac{5}{6}$

⑧ $3\frac{2}{13} - \frac{6}{13}$

⑨ $6\frac{7}{10} - \frac{8}{10}$

勉強した日　　月　　日

48 分数のひき算のまとめ①
めいろゲーム

▶▶▶答えは別さつ8ページ

ひき算の答えのほうに進みましょう。
ゴールはどのくだものかな？

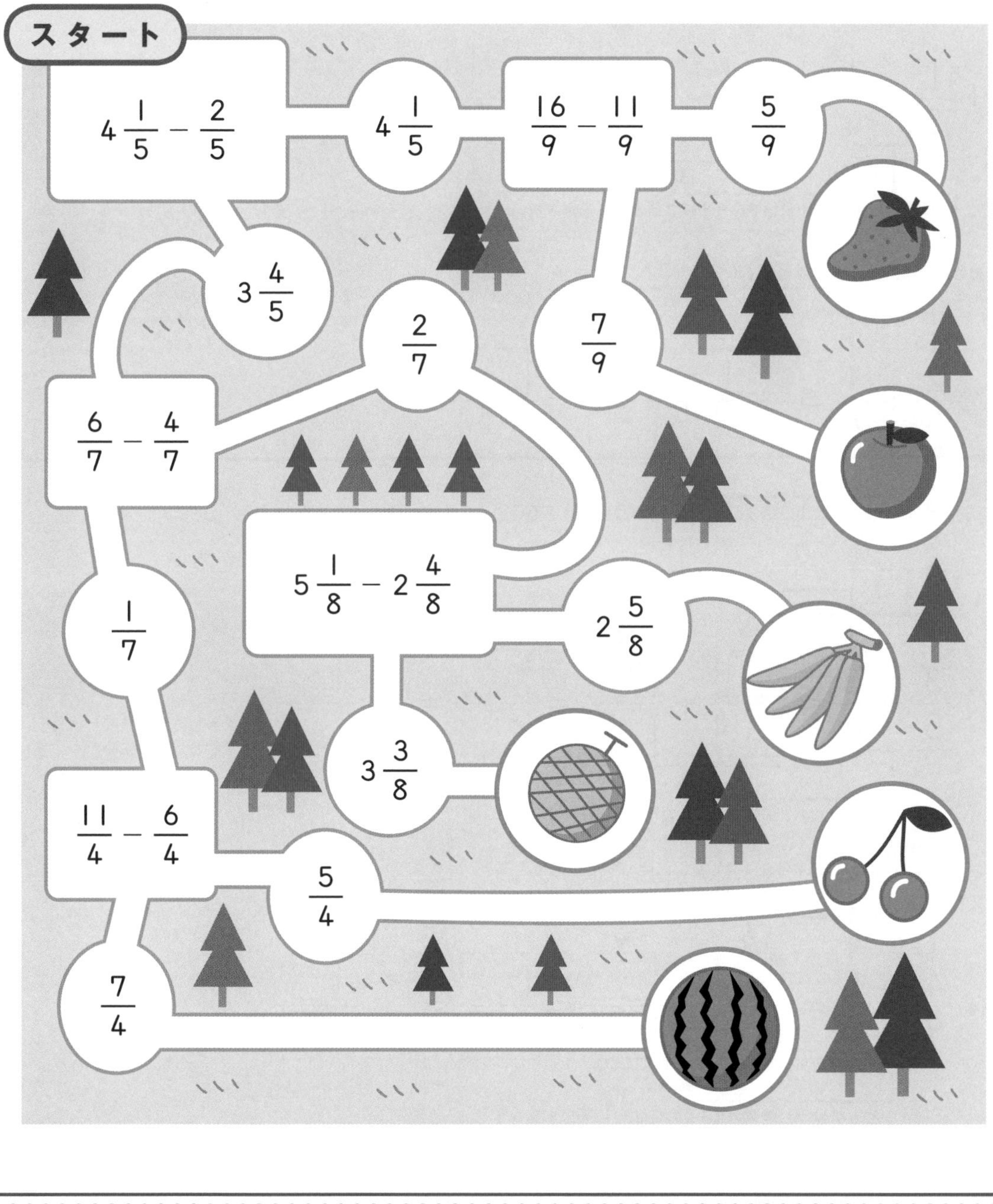

勉強した日　　月　　日

49 分母がちがう分数のたし算 ①

理解

▶▶▶答えは別さつ 8 ページ

①・②：1 問 20 点　③・④：1 問 30 点

点数　　　　点

たし算をしましょう。

分母と分子に 4 をかける　分母と分子に 3 をかける

① $\frac{1}{3}+\frac{1}{4}=\frac{\square}{\square}+\frac{\square}{\square}=\frac{\square}{\square}$

分母が 3 と 4 の最小公倍数の 12 になるように通分する

分母と分子に 4 をかける　分母と分子に 3 をかける

② $\frac{2}{3}+\frac{1}{4}=\frac{\square}{\square}+\frac{\square}{\square}=\frac{\square}{\square}$

分母が 3 と 4 の最小公倍数の 12 になるように通分する

分母と分子に 4 をかける　分母と分子に 5 をかける

③ $\frac{3}{5}+\frac{3}{4}=\frac{\square}{\square}+\frac{\square}{\square}=\frac{\square}{\square}=\square\frac{\square}{\square}$

＊答えは帯分数になおしてもよい

分母が 5 と 4 の最小公倍数の 20 になるように通分する

分母と分子に 2 をかける　分母と分子に 3 をかける

④ $\frac{4}{9}+\frac{5}{6}=\frac{\square}{\square}+\frac{\square}{\square}=\frac{\square}{\square}=\square\frac{\square}{\square}$

＊答えは帯分数になおしてもよい

分母が 9 と 6 の最小公倍数の 18 になるように通分する

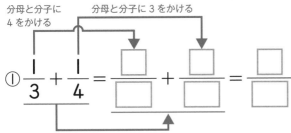

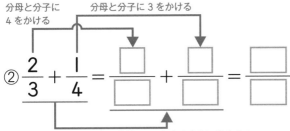

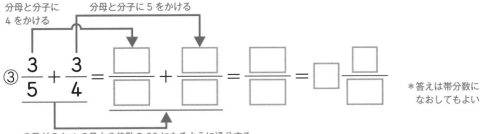

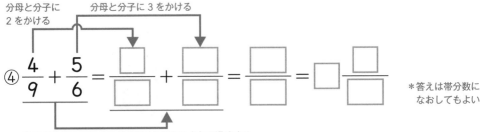

50 分母がちがう分数のたし算 ①

練習

▶▶▶答えは別さつ9ページ

点数　　点

①〜④：1問10点　⑤〜⑨：1問12点

たし算をしましょう。

① $\frac{2}{5}+\frac{1}{2}$

② $\frac{1}{4}+\frac{3}{8}$

③ $\frac{2}{7}+\frac{2}{3}$

④ $\frac{1}{6}+\frac{5}{12}$

⑤ $\frac{4}{5}+\frac{2}{3}$

⑥ $\frac{3}{4}+\frac{2}{9}$

⑦ $\frac{7}{8}+\frac{5}{6}$

⑧ $\frac{11}{12}+\frac{7}{15}$

⑨ $\frac{9}{14}+\frac{13}{21}$

勉強した日　　月　　日

51 分母がちがう分数のたし算 ①

練習

▶▶▶ 答えは別さつ 9 ページ

点数　　　点

①〜④：1 問 10 点　⑤〜⑨：1 問 12 点

たし算をしましょう。

① $\frac{2}{5}+\frac{1}{4}$

② $\frac{1}{2}+\frac{1}{5}$

③ $\frac{5}{8}+\frac{1}{4}$

④ $\frac{2}{3}+\frac{2}{9}$

⑤ $\frac{3}{7}+\frac{9}{14}$

⑥ $\frac{7}{10}+\frac{3}{5}$

⑦ $\frac{5}{6}+\frac{2}{5}$

⑧ $\frac{3}{4}+\frac{4}{5}$

⑨ $\frac{4}{9}+\frac{7}{12}$

勉強した日　　月　　日

52 分母がちがう分数のたし算 ②

理解

▶▶▶ 答えは別さつ 9 ページ

点数　　点

①・②：1 問 20 点　③・④：1 問 30 点

たし算をしましょう。

分母と分子に 3 をかける　分母と分子に 2 をかける

① $\frac{3}{2}+\frac{4}{3}=\frac{□}{□}+\frac{□}{□}=\frac{□}{□}=□\frac{□}{□}$

＊答えは帯分数になおしてもよい

分母が 2 と 3 の最小公倍数の 6 になるように通分する

分母と分子に 2 をかける　分母と分子に 3 をかける

② $\frac{5}{3}+\frac{5}{2}=\frac{□}{□}+\frac{□}{□}=\frac{□}{□}=□\frac{□}{□}$

＊答えは帯分数になおしてもよい

分母が 3 と 2 の最小公倍数の 6 になるように通分する

分母と分子に 2 をかける　分母と分子に 3 をかける

③ $\frac{7}{6}+\frac{5}{4}=\frac{□}{□}+\frac{□}{□}=\frac{□}{□}=□\frac{□}{□}$

＊答えは帯分数になおしてもよい

分母が 6 と 4 の最小公倍数の 12 になるように通分する

そのまま　分母と分子に 4 をかける

④ $\frac{9}{8}+\frac{7}{2}=\frac{□}{□}+\frac{□}{□}=\frac{□}{□}=□\frac{□}{□}$

＊答えは帯分数になおしてもよい

分母が 8 と 2 の最小公倍数の 8 になるように通分する

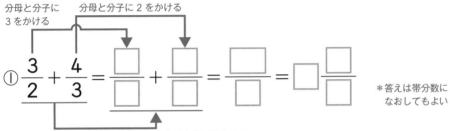

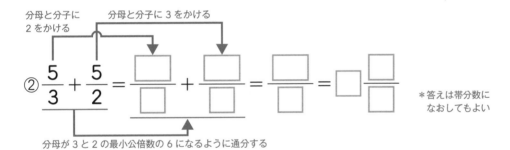

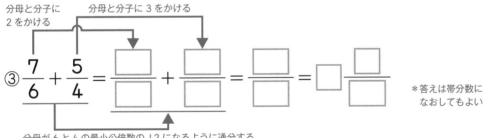

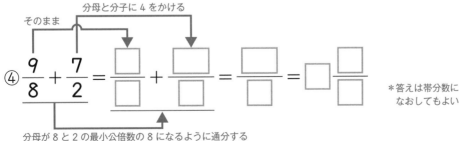

勉強した日　　月　　日

53 分母がちがう分数のたし算②

練習

▶▶▶答えは別さつ9ページ

点数　　点

①〜④：1問10点　⑤〜⑨：1問12点

たし算をしましょう。

① $\frac{4}{3}+\frac{5}{4}$

② $\frac{11}{10}+\frac{6}{5}$

③ $\frac{8}{7}+\frac{5}{2}$

④ $\frac{7}{4}+\frac{9}{8}$

⑤ $\frac{5}{3}+\frac{11}{10}$

⑥ $\frac{7}{6}+\frac{13}{9}$

⑦ $\frac{8}{5}+\frac{9}{4}$

⑧ $\frac{11}{8}+\frac{11}{6}$

⑨ $\frac{10}{9}+\frac{13}{12}$

勉強した日　　月　　日

54 分母がちがう分数のたし算 ②

練習

▶▶▶ 答えは別さつ 9 ページ

点数　　点

①〜④：1 問 10 点　⑤〜⑨：1 問 12 点

たし算をしましょう。

① $\frac{7}{5}+\frac{3}{2}$

② $\frac{7}{4}+\frac{11}{8}$

③ $\frac{4}{3}+\frac{11}{6}$

④ $\frac{17}{10}+\frac{8}{5}$

⑤ $\frac{5}{3}+\frac{12}{7}$

⑥ $\frac{5}{4}+\frac{9}{5}$

⑦ $\frac{7}{6}+\frac{7}{5}$

⑧ $\frac{9}{7}+\frac{7}{4}$

⑨ $\frac{16}{15}+\frac{7}{6}$

勉強した日　　月　　日

55 分母がちがう分数のたし算 ③

理解

▶▶▶ 答えは別さつ 9 ページ

①・②：1 問 20 点　③・④：1 問 30 点

点数　　　点

たし算をしましょう。

整数部分をたす

① $3\frac{1}{3}+1\frac{1}{5}=3\frac{\square}{\square}+1\frac{\square}{\square}=\square\frac{\square}{\square}$

分母が 3 と 5 の最小公倍数の 15 になるように通分する

通分したあとの分母はそのままで，分子どうしをたす

整数部分をたす

② $2\frac{3}{5}+3\frac{1}{3}=2\frac{\square}{\square}+3\frac{\square}{\square}=\square\frac{\square}{\square}$

分母が 5 と 3 の最小公倍数の 15 になるように通分する

通分したあとの分母はそのままで，分子どうしをたす

整数部分はそのまま

③ $\frac{2}{5}+4\frac{1}{6}=\frac{\square}{\square}+4\frac{\square}{\square}=\square\frac{\square}{\square}$

分母が 5 と 6 の最小公倍数の 30 になるように通分する

通分したあとの分母はそのままで，分子どうしをたす

整数部分はそのまま

④ $5\frac{2}{7}+\frac{1}{2}=5\frac{\square}{\square}+\frac{\square}{\square}=\square\frac{\square}{\square}$

分母が 7 と 2 の最小公倍数の 14 になるように通分する

通分したあとの分母はそのままで，分子どうしをたす

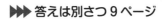

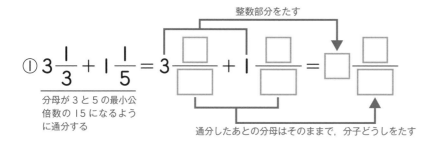

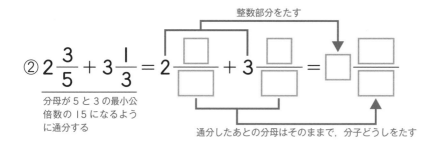

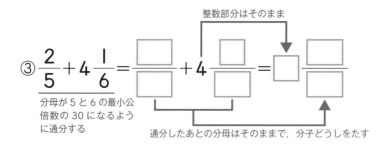

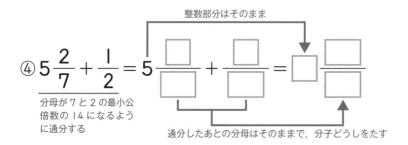

56 分母がちがう分数のたし算 ③ 練習

▶▶▶答えは別さつ9ページ

点数　　点

①～④：1問10点　⑤～⑨：1問12点

たし算をしましょう。

① $1\frac{1}{2}+2\frac{1}{3}$

② $2\frac{1}{5}+2\frac{3}{4}$

③ $3\frac{2}{3}+1\frac{1}{6}$

④ $2\frac{3}{8}+3\frac{1}{2}$

⑤ $4\frac{2}{7}+2\frac{1}{4}$

⑥ $1\frac{4}{9}+\frac{1}{6}$

⑦ $2\frac{1}{4}+\frac{7}{10}$

⑧ $\frac{3}{8}+1\frac{5}{12}$

⑨ $\frac{2}{15}+3\frac{4}{9}$

勉強した日　月　日

57 分母がちがう分数のたし算 ③

練習

▶▶▶ 答えは別さつ 10 ページ

点数　　点

①～④：1 問 10 点　⑤～⑨：1 問 12 点

たし算をしましょう。

① $2\frac{1}{2}+1\frac{1}{8}$

② $4\frac{1}{6}+3\frac{1}{4}$

③ $3\frac{1}{5}+3\frac{2}{3}$

④ $7\frac{5}{8}+2\frac{1}{6}$

⑤ $1\frac{5}{9}+5\frac{2}{5}$

⑥ $3\frac{1}{6}+\frac{4}{7}$

⑦ $2\frac{1}{10}+\frac{3}{4}$

⑧ $\frac{4}{15}+5\frac{3}{10}$

⑨ $\frac{1}{4}+7\frac{5}{18}$

勉強した日　　月　　日

58 分母がちがう分数のたし算④

理解

答えは別さつ 10 ページ

①・②：1 問 20 点　③・④：1 問 30 点

点数　　点

たし算をしましょう。

① $2\frac{1}{3}+1\frac{3}{4}=2\frac{\square}{\square}+1\frac{\square}{\square}=\square\frac{\square}{\square}=\square\frac{\square}{\square}$

整数部分をたす

整数部分にくり上げる

分母が 3 と 4 の最小公倍数の 12 になるように通分する

通分したあとの分母はそのままで，分子どうしをたす

② $4\frac{3}{4}+3\frac{2}{3}=4\frac{\square}{\square}+3\frac{\square}{\square}=\square\frac{\square}{\square}=\square\frac{\square}{\square}$

整数部分をたす

整数部分にくり上げる

分母が 4 と 3 の最小公倍数の 12 になるように通分する

通分したあとの分母はそのままで，分子どうしをたす

③ $\frac{6}{7}+5\frac{1}{2}=\frac{\square}{\square}+5\frac{\square}{\square}=\square\frac{\square}{\square}=\square\frac{\square}{\square}$

整数部分はそのまま

整数部分にくり上げる

分母が 7 と 2 の最小公倍数の 14 になるように通分する

通分したあとの分母はそのままで，分子どうしをたす

④ $6\frac{4}{5}+\frac{3}{4}=6\frac{\square}{\square}+\frac{\square}{\square}=\square\frac{\square}{\square}=\square\frac{\square}{\square}$

整数部分はそのまま

整数部分にくり上げる

分母が 5 と 4 の最小公倍数の 20 になるように通分する

通分したあとの分母はそのままで，分子どうしをたす

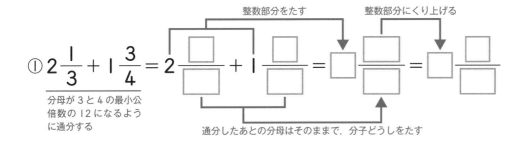

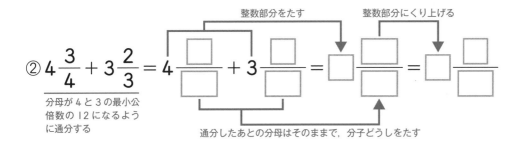

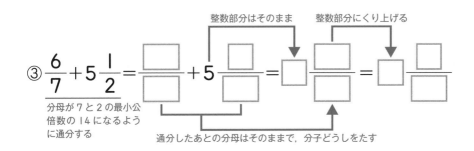

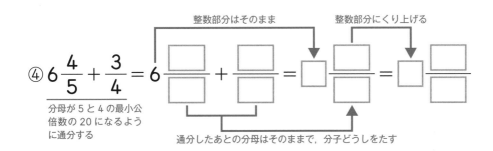

59 分母がちがう分数のたし算 ④ 練習

▶▶▶答えは別さつ 10 ページ

点数　点

①〜④：1 問 10 点　⑤〜⑨：1 問 12 点

たし算をしましょう。

① $2\frac{1}{2}+2\frac{2}{3}$

② $1\frac{3}{4}+4\frac{3}{8}$

③ $3\frac{7}{10}+4\frac{3}{5}$

④ $6\frac{1}{3}+2\frac{5}{6}$

⑤ $5\frac{4}{5}+4\frac{1}{3}$

⑥ $\frac{5}{6}+7\frac{3}{4}$

⑦ $\frac{1}{2}+5\frac{5}{7}$

⑧ $3\frac{1}{6}+\frac{7}{8}$

⑨ $7\frac{5}{12}+\frac{7}{9}$

勉強した日　　月　　日

60 分母がちがう分数のたし算④ 練習

▶▶▶答えは別さつ 10 ページ

点数　　点

①〜④：1 問 10 点　⑤〜⑨：1 問 12 点

たし算をしましょう。

① $1\frac{3}{4}+3\frac{1}{2}$

② $4\frac{4}{9}+2\frac{2}{3}$

③ $2\frac{4}{5}+5\frac{1}{4}$

④ $3\frac{5}{6}+3\frac{5}{8}$

⑤ $2\frac{7}{10}+4\frac{8}{15}$

⑥ $\frac{2}{3}+5\frac{5}{7}$

⑦ $\frac{7}{12}+6\frac{11}{16}$

⑧ $8\frac{3}{7}+\frac{3}{4}$

⑨ $3\frac{11}{15}+\frac{7}{9}$

61 分母がちがう分数のたし算⑤

理解

答えは別さつ 10 ページ

①・②：1 問 20 点　③・④：1 問 30 点

点数　点

たし算をしましょう。

① $\frac{1}{2}+\frac{3}{10}=\frac{\square}{\square}+\frac{\square}{\square}=\frac{\square}{\square}=\frac{\square}{\square}$

分母が 2 と 10 の最小公倍数の 10 になるように通分する

約分する

② $\frac{13}{10}+\frac{5}{2}=\frac{\square}{\square}+\frac{\square}{\square}=\frac{\square}{\square}=\frac{\square}{\square}=\square\frac{\square}{\square}$

分母が 10 と 2 の最小公倍数の 10 になるように通分する

約分する

＊答えは帯分数になおしてもよい

③ $1\frac{1}{6}+2\frac{7}{12}=1\frac{\square}{\square}+2\frac{\square}{\square}=3\frac{\square}{\square}=3\frac{\square}{\square}$

整数部分をたす

分母が 6 と 12 の最小公倍数の 12 になるように通分する

通分したあとの分母はそのままで，分子どうしをたす

約分する

④ $3\frac{11}{15}+4\frac{2}{3}=3\frac{\square}{\square}+4\frac{\square}{\square}=7\frac{\square}{\square}=7\frac{\square}{\square}=\square\frac{\square}{\square}$

整数部分をたす

整数部分にくり上げる

分母が 15 と 3 の最小公倍数の 15 になるように通分する

通分したあとの分母はそのままで，分子どうしをたす

約分する

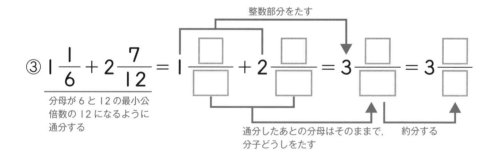

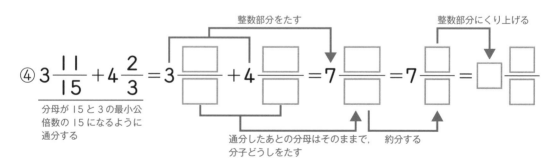

ニガテ

勉強した日　月　日

62 分母がちがう分数のたし算 ⑤

練習

答えは別さつ 10 ページ

点数　点

①～④：1 問 10 点　⑤～⑨：1 問 12 点

たし算をしましょう。

① $\frac{1}{2}+\frac{1}{6}$

② $\frac{1}{5}+\frac{3}{10}$

③ $\frac{2}{3}+\frac{1}{12}$

④ $\frac{4}{3}+\frac{16}{15}$

⑤ $\frac{11}{10}+\frac{7}{5}$

⑥ $3\frac{1}{2}+1\frac{1}{10}$

⑦ $1\frac{11}{18}+4\frac{2}{9}$

⑧ $2\frac{2}{3}+3\frac{8}{15}$

⑨ $5\frac{13}{20}+2\frac{5}{12}$

勉強した日　月　日

63 分母がちがう分数のたし算 ⑤

練習

答えは別さつ 10 ページ

点数　点

①～④：1 問 10 点　⑤～⑨：1 問 12 点

たし算をしましょう。

① $\frac{1}{6}+\frac{1}{3}$

② $\frac{1}{15}+\frac{3}{5}$

③ $\frac{3}{2}+\frac{11}{10}$

④ $\frac{5}{12}+\frac{4}{3}$

⑤ $\frac{13}{10}+\frac{6}{5}$

⑥ $2\frac{1}{4}+3\frac{1}{12}$

⑦ $1\frac{1}{2}+2\frac{3}{14}$

⑧ $2\frac{5}{6}+1\frac{2}{3}$

⑨ $3\frac{13}{20}+4\frac{3}{4}$

ニガテ

勉強した日　　月　　日

64 分母がちがう分数のたし算⑤

練習

▶▶▶答えは別さつ 11 ページ

点数　　点

①～④：1 問 10 点　⑤～⑨：1 問 12 点

たし算をしましょう。

① $\frac{1}{12}+\frac{2}{3}$

② $\frac{3}{5}+\frac{3}{20}$

③ $\frac{17}{18}+\frac{11}{9}$

④ $\frac{8}{5}+\frac{19}{10}$

⑤ $3\frac{2}{5}+3\frac{1}{10}$

⑥ $1\frac{7}{18}+1\frac{4}{9}$

⑦ $2\frac{6}{7}+2\frac{25}{28}$

⑧ $5\frac{3}{10}+1\frac{19}{20}$

⑨ $2\frac{13}{15}+4\frac{5}{6}$

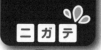

65 分数のたし算のまとめ②
暗号ゲーム

▶▶▶答えは別さつ11ページ

たし算をして，答えのカードのひらがなを書きましょう。

① $\frac{1}{6}+\frac{2}{3}$　　② $\frac{3}{4}+\frac{5}{12}$

③ $\frac{13}{10}+\frac{8}{5}$　　④ $1\frac{1}{12}+\frac{5}{9}$

⑤ $\frac{5}{7}+\frac{11}{21}$　　⑥ $2\frac{1}{3}+1\frac{13}{15}$

ぼ $1\frac{1}{6}$

せ $1\frac{11}{18}$

た $4\frac{1}{5}$

し $1\frac{5}{21}$

ね $\frac{5}{6}$

う $2\frac{9}{10}$

ぐ $4\frac{1}{6}$

を $1\frac{23}{36}$

せ $\frac{11}{12}$

①□②□③□④□⑤□⑥□ので，おくれて行くよ。

勉強した日　　月　　日

66 分母がちがう分数のひき算 ①

理解

▶▶▶ 答えは別さつ 11 ページ

点数　　点

①・②：1 問 20 点　③・④：1 問 30 点

ひき算をしましょう。

分母と分子に 3 をかける　　分母と分子に 5 をかける

① $\frac{2}{5} - \frac{1}{3} = \frac{\square}{\square} - \frac{\square}{\square} = \frac{\square}{\square}$

分母が 5 と 3 の最小公倍数の 15 になるように通分する

分母と分子に 3 をかける　　分母と分子に 5 をかける

② $\frac{4}{5} - \frac{2}{3} = \frac{\square}{\square} - \frac{\square}{\square} = \frac{\square}{\square}$

分母が 5 と 3 の最小公倍数の 15 になるように通分する

分母と分子に 2 をかける　　そのまま

③ $\frac{3}{4} - \frac{3}{8} = \frac{\square}{\square} - \frac{\square}{\square} = \frac{\square}{\square}$

分母が 4 と 8 の最小公倍数の 8 になるように通分する

分母と分子に 4 をかける　　分母と分子に 5 をかける

④ $\frac{9}{10} - \frac{5}{8} = \frac{\square}{\square} - \frac{\square}{\square} = \frac{\square}{\square}$

分母が 10 と 8 の最小公倍数の 40 になるように通分する

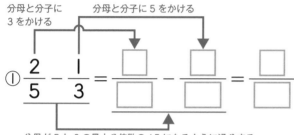

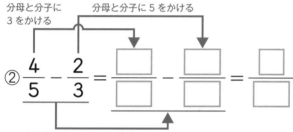

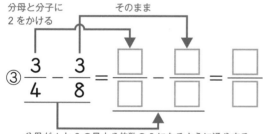

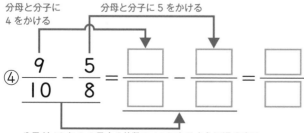

勉強した日　　月　　日

67 分母がちがう分数のひき算 ①

練習

▶▶▶答えは別さつ 11 ページ

①～④：1 問 10 点　⑤～⑨：1 問 12 点

点数　　点

ひき算をしましょう。

① $\frac{1}{2}-\frac{1}{3}$

② $\frac{4}{5}-\frac{1}{10}$

③ $\frac{2}{3}-\frac{2}{9}$

④ $\frac{3}{4}-\frac{5}{8}$

⑤ $\frac{5}{7}-\frac{2}{3}$

⑥ $\frac{7}{8}-\frac{4}{5}$

⑦ $\frac{5}{6}-\frac{1}{4}$

⑧ $\frac{8}{9}-\frac{5}{12}$

⑨ $\frac{11}{15}-\frac{13}{18}$

68 分母がちがう分数のひき算 ①

練習

▶▶▶答えは別さつ 11 ページ

点数　点

①～④：1 問 10 点　⑤～⑨：1 問 12 点

ひき算をしましょう。

① $\frac{4}{5}-\frac{1}{2}$

② $\frac{3}{8}-\frac{1}{6}$

③ $\frac{6}{7}-\frac{2}{3}$

④ $\frac{3}{4}-\frac{2}{5}$

⑤ $\frac{8}{9}-\frac{4}{5}$

⑥ $\frac{5}{6}-\frac{3}{4}$

⑦ $\frac{7}{10}-\frac{2}{3}$

⑧ $\frac{5}{7}-\frac{1}{2}$

⑨ $\frac{7}{12}-\frac{5}{9}$

69 分母がちがう分数のひき算 ②

理解

▶▶▶答えは別さつ 11 ページ

①・②：1 問 20 点　③・④：1 問 30 点

点数　　点

ひき算をしましょう。

分母と分子に 3 をかける　分母と分子に 2 をかける

① $\frac{5}{2}-\frac{7}{3}=\frac{\square}{\square}-\frac{\square}{\square}=\frac{\square}{\square}$

分母が 2 と 3 の最小公倍数の 6 になるように通分する

分母と分子に 3 をかける　分母と分子に 2 をかける

② $\frac{7}{2}-\frac{8}{3}=\frac{\square}{\square}-\frac{\square}{\square}=\frac{\square}{\square}$

分母が 2 と 3 の最小公倍数の 6 になるように通分する

分母と分子に 4 をかける　分母と分子に 3 をかける

③ $\frac{7}{6}-\frac{9}{8}=\frac{\square}{\square}-\frac{\square}{\square}=\frac{\square}{\square}$

分母が 6 と 8 の最小公倍数の 24 になるように通分する

分母と分子に 3 をかける　分母と分子に 5 をかける

④ $\frac{12}{5}-\frac{4}{3}=\frac{\square}{\square}-\frac{\square}{\square}=\frac{\square}{\square}=\square\frac{\square}{\square}$

＊答えは帯分数になおしてもよい

分母が 5 と 3 の最小公倍数の 15 になるように通分する

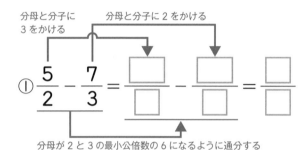

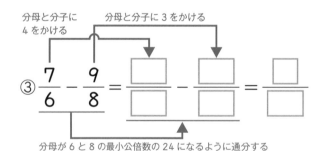

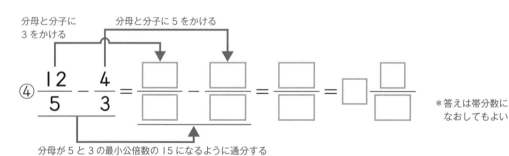

70 分母がちがう分数のひき算 ② 練習

▶▶▶ 答えは別さつ 12 ページ

点数　　　点

①〜④：1 問 10 点　⑤〜⑨：1 問 12 点

ひき算をしましょう。

① $\frac{5}{3}-\frac{7}{5}$

② $\frac{3}{2}-\frac{11}{9}$

③ $\frac{11}{6}-\frac{7}{4}$

④ $\frac{8}{5}-\frac{4}{3}$

⑤ $\frac{11}{8}-\frac{7}{6}$

⑥ $\frac{15}{8}-\frac{5}{4}$

⑦ $\frac{9}{5}-\frac{3}{2}$

⑧ $\frac{19}{10}-\frac{7}{4}$

⑨ $\frac{9}{4}-\frac{6}{5}$

71 分母がちがう分数のひき算 ②

練習

▶▶▶ 答えは別さつ 12 ページ

点数　　点

①～④：1 問 10 点　⑤～⑨：1 問 12 点

ひき算をしましょう。

① $\frac{7}{3}-\frac{3}{2}$

② $\frac{9}{4}-\frac{9}{5}$

③ $\frac{3}{2}-\frac{9}{8}$

④ $\frac{9}{5}-\frac{4}{3}$

⑤ $\frac{7}{4}-\frac{12}{7}$

⑥ $\frac{17}{8}-\frac{7}{4}$

⑦ $\frac{23}{12}-\frac{11}{6}$

⑧ $\frac{13}{8}-\frac{7}{6}$

⑨ $\frac{21}{10}-\frac{16}{15}$

勉強した日　月　日

72 分母がちがう分数のひき算 ③

理解

▶▶▶ 答えは別さつ 12 ページ

点数　　点

①・②：1 問 20 点　③・④：1 問 30 点

ひき算をしましょう。

整数部分をひく

① $3\frac{2}{3}-1\frac{3}{5}=3\frac{\square}{\square}-1\frac{\square}{\square}=\square\frac{\square}{\square}$

分母が 3 と 5 の最小公倍数の 15 になるように通分する

通分したあとの分母はそのままで，分子どうしをひく

整数部分をひく

② $4\frac{4}{5}-2\frac{1}{3}=4\frac{\square}{\square}-2\frac{\square}{\square}=\square\frac{\square}{\square}$

分母が 5 と 3 の最小公倍数の 15 になるように通分する

通分したあとの分母はそのままで，分子どうしをひく

整数部分をひく

③ $5\frac{8}{9}-3\frac{2}{3}=5\frac{\square}{\square}-3\frac{\square}{\square}=\square\frac{\square}{\square}$

分母が 9 と 3 の最小公倍数の 9 になるように通分する

通分したあとの分母はそのままで，分子どうしをひく

整数部分はそのまま

④ $3\frac{6}{7}-\frac{1}{2}=3\frac{\square}{\square}-\frac{\square}{\square}=\square\frac{\square}{\square}$

分母が 7 と 2 の最小公倍数の 14 になるように通分する

通分したあとの分母はそのままで，分子どうしをひく

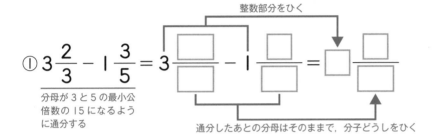

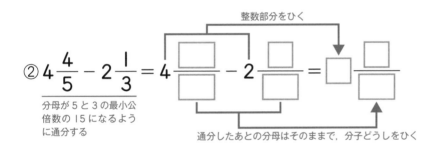

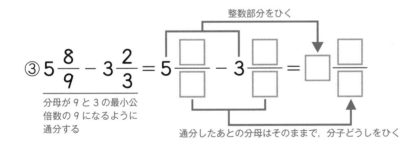

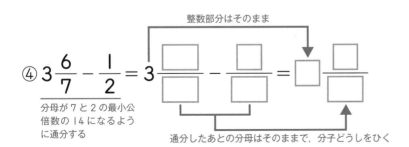

勉強した日　　月　　日

73 分母がちがう分数のひき算 ③

練習

▶▶▶答えは別さつ 12 ページ

①～④：1 問 10 点　⑤～⑨：1 問 12 点

点数　　点

ひき算をしましょう。

① $3\frac{6}{7}-1\frac{1}{2}$

② $4\frac{3}{4}-2\frac{2}{5}$

③ $6\frac{9}{10}-5\frac{2}{3}$

④ $8\frac{8}{9}-6\frac{3}{5}$

⑤ $7\frac{7}{10}-2\frac{5}{8}$

⑥ $5\frac{7}{8}-4\frac{1}{6}$

⑦ $3\frac{7}{9}-\frac{2}{3}$

⑧ $2\frac{9}{10}-\frac{1}{4}$

⑨ $4\frac{11}{15}-\frac{5}{12}$

勉強した日　　月　　日

74 分母がちがう分数のひき算 ③

練習

▶▶▶ 答えは別さつ 12 ページ

点数　　点

①〜④：1 問 10 点　⑤〜⑨：1 問 12 点

ひき算をしましょう。

① $3\frac{9}{10}-2\frac{1}{5}$

② $4\frac{5}{6}-1\frac{3}{8}$

③ $2\frac{5}{6}-1\frac{2}{5}$

④ $7\frac{8}{9}-3\frac{2}{3}$

⑤ $9\frac{3}{5}-6\frac{3}{10}$

⑥ $5\frac{11}{12}-1\frac{5}{8}$

⑦ $3\frac{3}{4}-\frac{7}{10}$

⑧ $2\frac{3}{5}-\frac{2}{15}$

⑨ $8\frac{11}{12}-\frac{7}{18}$

勉強した日　　月　　日

75 分母がちがう分数のひき算 ④

理解

▶▶▶ 答えは別さつ 12 ページ

点数　　点

①・②：1 問 20 点　③・④：1 問 30 点

ひき算をしましょう。

整数部分から 1 くり下げる

① $3\frac{1}{5}-1\frac{3}{4}=3\frac{\square}{\square}-1\frac{\square}{\square}=\square\frac{\square}{\square}-\square\frac{\square}{\square}$

分母が 5 と 4 の最小公倍数の 20 になるように通分する

$=\square\frac{\square}{\square}$

整数部分から 1 くり下げる

② $4\frac{1}{4}-1\frac{2}{5}=4\frac{\square}{\square}-1\frac{\square}{\square}=\square\frac{\square}{\square}-\square\frac{\square}{\square}$

分母が 4 と 5 の最小公倍数の 20 になるように通分する

$=\square\frac{\square}{\square}$

整数部分から 1 くり下げる

③ $3\frac{2}{3}-2\frac{5}{6}=3\frac{\square}{\square}-2\frac{\square}{\square}=\square\frac{\square}{\square}-\square\frac{\square}{\square}=\frac{\square}{\square}$

分母が 3 と 6 の最小公倍数の 6 になるように通分する

整数部分から 1 くり下げる

④ $5\frac{2}{5}-\frac{3}{7}=5\frac{\square}{\square}-\frac{\square}{\square}=\square\frac{\square}{\square}-\frac{\square}{\square}=\square\frac{\square}{\square}$

分母が 5 と 7 の最小公倍数の 35 になるように通分する

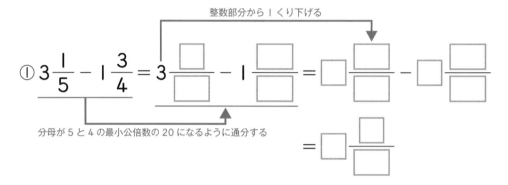

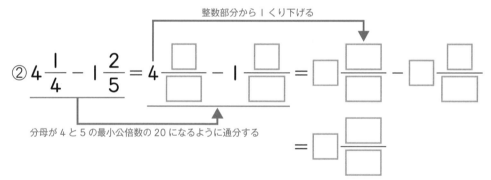

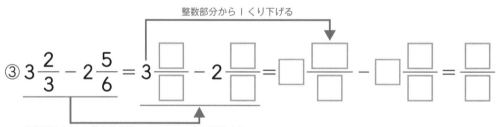

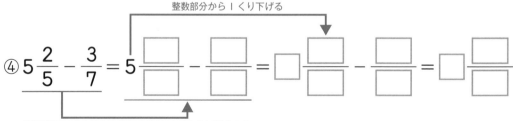

勉強した日　　月　　日

76 分母がちがう分数のひき算④

練習

▶▶▶ 答えは別さつ 13 ページ

点数　　　点

①～④：1 問 10 点　⑤～⑨：1 問 12 点

ひき算をしましょう。

① $4\frac{1}{2}-1\frac{2}{3}$

② $5\frac{1}{4}-2\frac{5}{8}$

③ $3\frac{2}{5}-1\frac{4}{7}$

④ $7\frac{1}{6}-3\frac{3}{4}$

⑤ $3\frac{1}{7}-1\frac{1}{2}$

⑥ $2\frac{3}{10}-1\frac{8}{15}$

⑦ $6\frac{1}{4}-\frac{4}{5}$

⑧ $3\frac{3}{8}-\frac{7}{12}$

⑨ $7\frac{3}{12}-\frac{5}{9}$

77 分母がちがう分数のひき算 ④ 練習

▶▶▶答えは別さつ 13 ページ

①〜④：1 問 10 点　⑤〜⑨：1 問 12 点

点数　　点

ひき算をしましょう。

① $5\frac{3}{5}-1\frac{9}{10}$

② $3\frac{1}{8}-1\frac{3}{4}$

③ $6\frac{2}{7}-3\frac{1}{2}$

④ $7\frac{2}{5}-1\frac{2}{3}$

⑤ $6\frac{1}{6}-2\frac{7}{8}$

⑥ $8\frac{5}{12}-4\frac{11}{15}$

⑦ $4\frac{1}{5}-\frac{2}{3}$

⑧ $3\frac{2}{15}-\frac{7}{10}$

⑨ $2\frac{4}{21}-\frac{5}{7}$

78 分母がちがう分数のひき算⑤

理解

▶▶▶答えは別さつ13ページ

点数　　点

①・②：1問20点　③・④：1問30点

ひき算をしましょう。

① $\frac{3}{4}-\frac{1}{12}=\frac{\square}{\square}-\frac{\square}{\square}=\frac{\square}{\square}=\frac{\square}{\square}$

分母が4と12の最小公倍数の12になるように通分する　　約分する

② $\frac{17}{12}-\frac{5}{4}=\frac{\square}{\square}-\frac{\square}{\square}=\frac{\square}{\square}=\frac{\square}{\square}$

分母が12と4の最小公倍数の12になるように通分する　　約分する

③ $3\frac{4}{5}-1\frac{3}{10}=3\frac{\square}{\square}-1\frac{\square}{\square}=\square\frac{\square}{\square}=\square\frac{\square}{\square}$

分母が5と10の最小公倍数の10になるように通分する　　約分する

④ $5\frac{1}{6}-\frac{19}{24}=5\frac{\square}{\square}-\frac{\square}{\square}=\square\frac{\square}{\square}-\frac{\square}{\square}$

整数部分から1くり下げる

分母が6と24の最小公倍数の24になるように通分する

$=\square\frac{\square}{\square}=\square\frac{\square}{\square}$

約分する

ニガテ

勉強した日　　月　　日

79 分母がちがう分数のひき算⑤

練習

▶▶▶答えは別さつ 13 ページ

点数　　点

①〜④：1 問 10 点　⑤〜⑨：1 問 12 点

ひき算をしましょう。

① $\frac{2}{3}-\frac{5}{12}$

② $\frac{5}{6}-\frac{1}{2}$

③ $\frac{13}{14}-\frac{3}{7}$

④ $\frac{9}{4}-\frac{27}{20}$

⑤ $\frac{11}{6}-\frac{13}{12}$

⑥ $\frac{5}{2}-\frac{11}{6}$

⑦ $4\frac{1}{2}-2\frac{1}{6}$

⑧ $5\frac{8}{9}-1\frac{1}{18}$

⑨ $3\frac{17}{18}-1\frac{5}{6}$

ニガテ

勉強した日　　月　　日

80 分母がちがう分数のひき算⑤

練習

▶▶▶答えは別さつ13ページ

点数　　点

①～④：1問10点　⑤～⑨：1問12点

ひき算をしましょう。

① $\frac{9}{10}-\frac{2}{5}$

② $\frac{5}{6}-\frac{1}{12}$

③ $\frac{14}{15}-\frac{1}{10}$

④ $\frac{5}{2}-\frac{19}{10}$

⑤ $\frac{13}{6}-\frac{23}{18}$

⑥ $\frac{17}{8}-\frac{31}{24}$

⑦ $7\frac{3}{4}-2\frac{1}{20}$

⑧ $4\frac{5}{6}-1\frac{3}{10}$

⑨ $6\frac{3}{10}-2\frac{4}{5}$

ニガテ

勉強した日　月　日

81 分母がちがう分数のひき算⑤

練習

答えは別さつ13ページ

点数　点

①～④：1問10点　⑤～⑨：1問12点

ひき算をしましょう。

① $\frac{1}{2}-\frac{1}{10}$

② $\frac{13}{15}-\frac{7}{10}$

③ $\frac{7}{8}-\frac{1}{24}$

④ $\frac{7}{3}-\frac{19}{12}$

⑤ $\frac{8}{5}-\frac{11}{10}$

⑥ $\frac{21}{10}-\frac{27}{20}$

⑦ $6\frac{5}{6}-3\frac{7}{18}$

⑧ $5\frac{2}{5}-2\frac{9}{10}$

⑨ $2\frac{1}{2}-1\frac{7}{10}$

勉強した日　月　日

82

分数のひき算のまとめ②

ジグソーパズル

▶▶▶答えは別さつ14ページ

ひき算をして，答えと同じ数のところをぬりましょう。

$\frac{3}{8}-\frac{7}{24}$

$\frac{3}{4}-\frac{5}{12}$

$\frac{2}{3}-\frac{1}{15}$

$2\frac{4}{5}-1\frac{8}{15}$

$\frac{7}{2}-\frac{4}{3}$

$3\frac{7}{20}-1\frac{3}{4}$

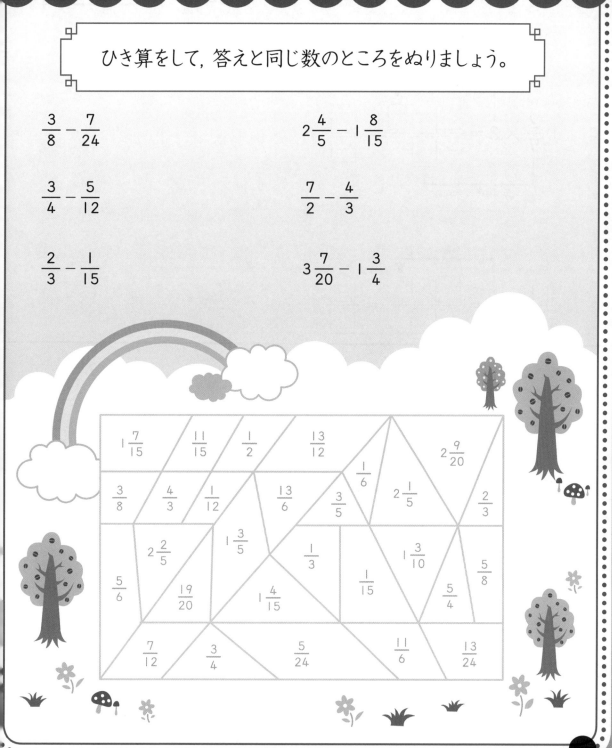

83 分数に整数をかける計算 ①

理解

▶▶▶答えは別さつ14ページ

1問25点

点数　点

かけ算をしましょう。

分子に整数をかける

① $\dfrac{2}{7}\times 3=\dfrac{\square\times\square}{\square}=\dfrac{\square}{\square}$

分母はそのまま

分子に整数をかける

② $\dfrac{1}{8}\times 3=\dfrac{\square\times\square}{\square}=\dfrac{\square}{\square}$

分母はそのまま

分子に整数をかける

③ $\dfrac{3}{4}\times 5=\dfrac{\square\times\square}{\square}=\dfrac{\square}{\square}=\square\dfrac{\square}{\square}$

分母はそのまま

＊答えは帯分数になおしてもよい

④ $\dfrac{4}{15}\times 6=\dfrac{\square\times\overset{\square}{\square}}{\underset{\square}{\square}}=\dfrac{\square}{\square}=\square\dfrac{\square}{\square}$

＊答えは帯分数になおしてもよい

分母はそのままで，
分子に整数をかける

とちゅうで約分できる
ときは約分する

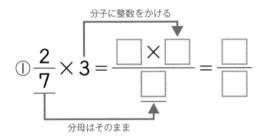

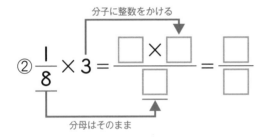

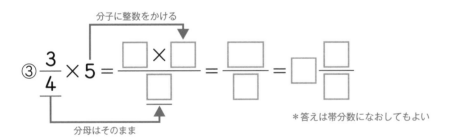

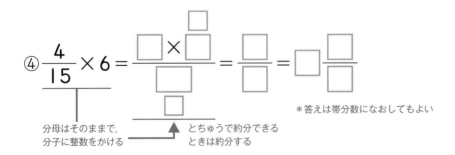

84 分数に整数をかける計算 ①

練習

▶▶▶答えは別さつ 14 ページ

点数　　点

①～④：1 問 10 点　⑤～⑨：1 問 12 点

かけ算をしましょう。

① $\frac{1}{6}\times 5$

② $\frac{2}{9}\times 4$

③ $\frac{4}{7}\times 2$

④ $\frac{8}{5}\times 3$

⑤ $\frac{2}{9}\times 6$

⑥ $\frac{5}{6}\times 4$

⑦ $\frac{7}{8}\times 2$

⑧ $\frac{3}{10}\times 5$

⑨ $\frac{7}{12}\times 8$

勉強した日　　月　　日

85 分数に整数をかける計算 ②

理解

▶▶▶ 答えは別さつ 14 ページ

点数　　点

①・②：1 問 20 点　③・④：1 問 30 点

かけ算をしましょう。

① $1\frac{1}{4}\times 5=\frac{\square}{\square}\times\square=\frac{\square\times\square}{\square}=\frac{\square}{\square}=\square\frac{\square}{\square}$

仮分数になおす　分子に整数をかける　分母はそのまま

＊答えは帯分数になおしてもよい

② $2\frac{2}{3}\times 5=\frac{\square}{\square}\times\square=\frac{\square\times\square}{\square}=\frac{\square}{\square}=\square\frac{\square}{\square}$

仮分数になおす　分子に整数をかける　分母はそのまま

＊答えは帯分数になおしてもよい

③ $1\frac{1}{6}\times 8=\frac{\square}{\square}\times\square=\frac{\square\times\overset{\square}{\square}}{\underset{\square}{\square}}=\frac{\square}{\square}=\square\frac{\square}{\square}$

仮分数になおす

分母はそのままで分子に整数をかける。とちゅうで約分できるときは約分する。

＊答えは帯分数になおしてもよい

④ $1\frac{1}{8}\times 10=\frac{\square}{\square}\times\square=\frac{\square\times\overset{\square}{\square}}{\underset{\square}{\square}}=\frac{\square}{\square}=\square\frac{\square}{\square}$

仮分数になおす

分母はそのままで分子に整数をかける。とちゅうで約分できるときは約分する。

＊答えは帯分数になおしてもよい

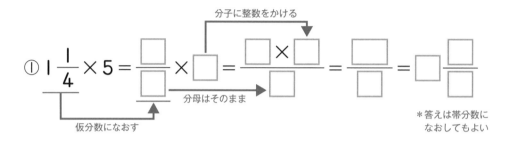

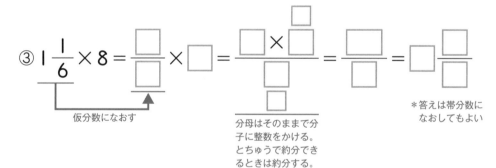

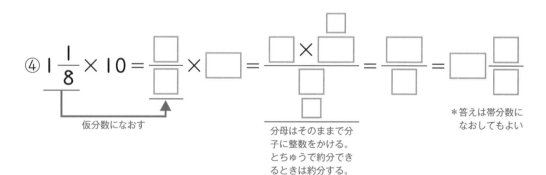

86 分数に整数をかける計算②

練習

▶▶▶答えは別さつ 14 ページ

点数　　点

①～④：1 問 10 点　⑤～⑨：1 問 12 点

かけ算をしましょう。

① $1\frac{2}{5}\times 4$

② $2\frac{3}{4}\times 3$

③ $1\frac{1}{6}\times 5$

④ $1\frac{3}{7}\times 3$

⑤ $2\frac{1}{4}\times 6$

⑥ $1\frac{5}{6}\times 4$

⑦ $3\frac{1}{8}\times 2$

⑧ $1\frac{4}{15}\times 5$

⑨ $1\frac{7}{20}\times 10$

勉強した日　月　日

87 分数を整数でわる計算 ①

理解

答えは別さつ 15 ページ

1 問 25 点

点数　点

わり算をしましょう。

分子はそのまま

① $\frac{4}{5} \div 3 = \frac{\square}{\square \times \square} = \frac{\square}{\square}$

分母に整数をかける

分子はそのまま

② $\frac{7}{9} \div 3 = \frac{\square}{\square \times \square} = \frac{\square}{\square}$

分母に整数をかける

分子はそのまま

③ $\frac{5}{7} \div 8 = \frac{\square}{\square \times \square} = \frac{\square}{\square}$

分母に整数をかける

④ $\frac{9}{2} \div 6 = \frac{\overset{\square}{\cancel{\square}}}{\square \times \underset{\square}{\cancel{\square}}} = \frac{\square}{\square}$

分子はそのままで,
分母に整数をかける

とちゅうで約分できる
ときは約分する

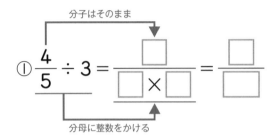

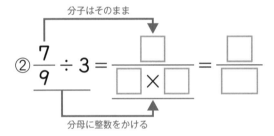

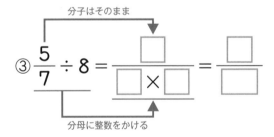

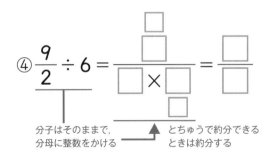

勉強した日　月　日

88 分数を整数でわる計算 ①

練習

答えは別さつ 15 ページ

点数　点

①～④：1問10点　⑤～⑨：1問12点

わり算をしましょう。

① $\frac{3}{5} \div 2$

② $\frac{5}{6} \div 4$

③ $\frac{3}{2} \div 2$

④ $\frac{1}{4} \div 5$

⑤ $\frac{4}{9} \div 8$

⑥ $\frac{3}{4} \div 6$

⑦ $\frac{10}{3} \div 5$

⑧ $\frac{8}{5} \div 12$

⑨ $\frac{9}{10} \div 3$

勉強した日　月　日

89 分数を整数でわる計算 ①

練習

▶▶▶答えは別さつ 15 ページ

点数　点

①～④：1 問 10 点　⑤～⑨：1 問 12 点

わり算をしましょう。

① $\frac{1}{4} \div 6$

② $\frac{7}{10} \div 4$

③ $\frac{5}{3} \div 4$

④ $\frac{11}{6} \div 7$

⑤ $\frac{2}{5} \div 8$

⑥ $\frac{6}{7} \div 4$

⑦ $\frac{16}{9} \div 6$

⑧ $\frac{15}{7} \div 9$

⑨ $\frac{12}{5} \div 18$

90 分数を整数でわる計算 ②

理解

答えは別さつ 15 ページ

点数　　点

①・②：1 問 20 点　③・④：1 問 30 点

わり算をしましょう。

① $1\frac{2}{9} \div 3 = \frac{\square}{\square} \div \square = \frac{\square}{\square \times \square} = \frac{\square}{\square}$

分子はそのまま

仮分数になおす

分母に整数をかける

② $2\frac{3}{4} \div 3 = \frac{\square}{\square} \div \square = \frac{\square}{\square \times \square} = \frac{\square}{\square}$

分子はそのまま

仮分数になおす

分母に整数をかける

③ $2\frac{2}{5} \div 6 = \frac{\square}{\square} \div \square = \frac{\square}{\square \times \square} = \frac{\square}{\square}$

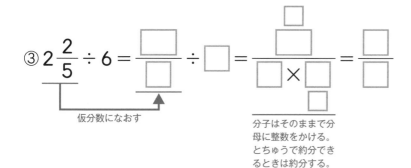

仮分数になおす

分子はそのままで分母に整数をかける。とちゅうで約分できるときは約分する。

④ $3\frac{4}{7} \div 5 = \frac{\square}{\square} \div \square = \frac{\square}{\square \times \square} = \frac{\square}{\square}$

仮分数になおす

分子はそのままで分母に整数をかける。とちゅうで約分できるときは約分する。

91 分数を整数でわる計算 ②

練習

▶▶▶ 答えは別さつ 15 ページ

点数　　点

①〜④：1 問 10 点　⑤〜⑨：1 問 12 点

わり算をしましょう。

① $2\frac{1}{3} \div 6$

② $1\frac{6}{7} \div 4$

③ $4\frac{2}{5} \div 7$

④ $3\frac{2}{9} \div 6$

⑤ $1\frac{1}{8} \div 18$

⑥ $3\frac{3}{8} \div 15$

⑦ $3\frac{3}{11} \div 6$

⑧ $3\frac{1}{7} \div 4$

⑨ $2\frac{4}{9} \div 2$

勉強した日　　月　　日

92 分数を整数でわる計算②

練習

▶▶▶ 答えは別さつ 15 ページ

①～④：1 問 10 点　⑤～⑨：1 問 12 点

点数　　点

わり算をしましょう。

① $1\frac{5}{6} \div 2$

② $3\frac{1}{3} \div 7$

③ $2\frac{5}{7} \div 5$

④ $4\frac{1}{5} \div 8$

⑤ $3\frac{1}{8} \div 5$

⑥ $1\frac{5}{9} \div 7$

⑦ $2\frac{10}{13} \div 9$

⑧ $5\frac{5}{7} \div 15$

⑨ $5\frac{1}{3} \div 4$

93 分数と整数の計算のまとめ
キューブゲーム

▶▶▶答えは別さつ16ページ

たて，横，ななめの ■×□ や ■÷□ の計算をして，
答えのいちばん大きな式に線をひきましょう。

$\frac{1}{2}$	$\frac{3}{10}$	$\frac{3}{4}$
$\frac{2}{5}$	×	3
4	6	5

$\frac{4}{5}$	$\frac{5}{6}$	$\frac{4}{7}$
$\frac{2}{9}$	×	8
6	5	4

5	2	6
9	×	1
4	3	7

この場合，
5×7がいちばん
大きくなるね

$\frac{15}{4}$	$\frac{7}{4}$	$\frac{8}{3}$
$\frac{9}{2}$	÷	3
4	5	6

$\frac{10}{3}$	$\frac{11}{6}$	$\frac{20}{3}$
$\frac{13}{2}$	÷	8
5	3	2

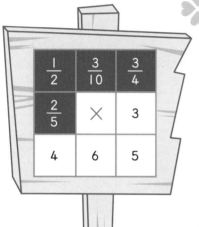

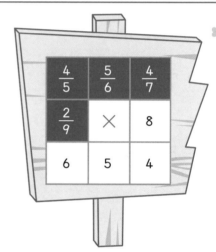

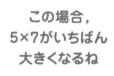

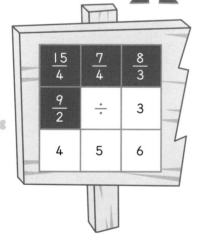

小学算数 計算問題の正しい解き方ドリル 5年・別さつ

答えとおうちのかた手引き

1 小数のかけ算 ① 理解

本さつ4ページ

①
```
    2.4
  × 1.2
     48
    24
   2.88
```

②
```
    3.2
  × 1.2
     64
    32
   3.84
```

③
```
    4.7
  × 3.4
    188
   141
  15.98
```

④
```
    2.6
  × 3.8
    208
    78
   9.88
```

⑤
```
      8
  × 5.3
     24
    40
   42.4
```

⑥
```
    4.5
  × 2.1
     45
    90
   9.45
```

ポイント

積の小数点は，かけられる数とかける数の小数点から下のけた数の和だけ，右から数えてうちます。

2 小数のかけ算 ① 練習

本さつ5ページ

① 2.38 ② 3.45 ③ 2.86 ④ 7.98
⑤ 5.46 ⑥ 8.58 ⑦ 6.65 ⑧ 36.4
⑨ 13.6 ⑩ 90.3 ⑪ 380.8 ⑫ 314.5

3 小数のかけ算 ① 練習

本さつ6ページ

① 7.35 ② 3.04 ③ 11.61 ④ 9.36
⑤ 36.18 ⑥ 32.76 ⑦ 33.25 ⑧ 52.8
⑨ 23.4 ⑩ 64.5 ⑪ 133.4 ⑫ 254.6

4 小数のかけ算 ② 理解

本さつ7ページ

①
```
    2.32
  ×  1.3
     696
    232
   3.016
```

②
```
    1.45
  ×  1.3
     435
    145
   1.885
```

③
```
     3.7
  × 0.42
      74
    148
   1.554
```

④
```
     6.5
  × 0.83
     195
    520
   5.395
```

⑤
```
     4.21
  ×  0.65
     2105
    2526
   2.7365
```

⑥
```
     7.84
  ×  0.29
     7056
    1568
   2.2736
```

ポイント

かけられる数もかける数も小数点から下のけた数が2けたのとき，積の小数点は右から4けたになります。

5 小数のかけ算 ② 練習

本さつ8ページ

① 1.694 ② 7.176 ③ 1.419
④ 1.224 ⑤ 25.145 ⑥ 22.002
⑦ 5.395 ⑧ 1.102 ⑨ 1.3608
⑩ 6.4586 ⑪ 3.5802 ⑫ 1.1622

6 小数のかけ算 ② 練習

本さつ9ページ

① 3.159 ② 13.792 ③ 1.435
④ 1.008 ⑤ 34.888 ⑥ 20.178
⑦ 3.465 ⑧ 7.636 ⑨ 1.2852
⑩ 3.1726 ⑪ 1.9642 ⑫ 4.6565

7 小数のかけ算 ③

理解

本さつ10ページ

①
```
  3.4
× 1.5
  170
 34
 5.10
```
②
```
  4.2
× 1.5
  210
 42
 6.30
```
③
```
  1.25
×  3.6
   750
 375
 4.500
```
④
```
  1.16
× 0.76
   696
  812
 0.8816
```

ポイント

積の小数点をうち，小数点より下のけたの最後の位が 0 のときは，かならず消すようにします。

8 小数のかけ算 ③

練習

本さつ11ページ

① 2.7　② 3.5　③ 0.72
④ 0.822　⑤ 8.71　⑥ 5.1
⑦ 0.6552　⑧ 0.952　⑨ 0.72
⑩ 2.7　⑪ 0.702　⑫ 0.91

9 小数のかけ算 ③

練習

本さつ12ページ

① 4.2　② 7.2　③ 0.87
④ 0.634　⑤ 11.34　⑥ 8.4
⑦ 0.954　⑧ 0.9152　⑨ 0.5978
⑩ 1.2　⑪ 0.588　⑫ 0.81

10 小数のかけ算のまとめ めいろゲーム

本さつ13ページ

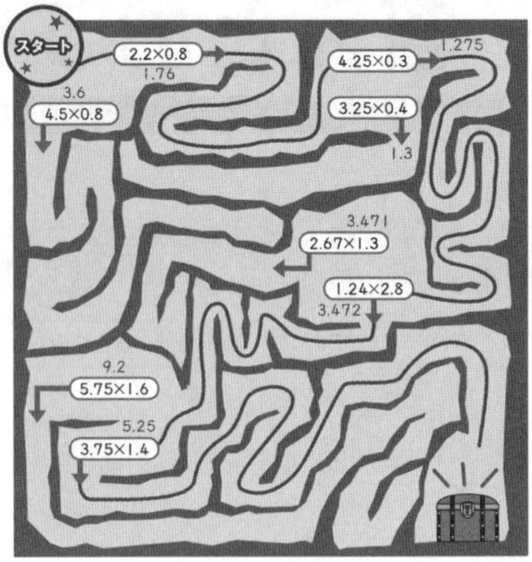

11 小数のわり算 ①

理解

本さつ14ページ

①
```
    1.95
4)7.8
  4
  38
  36
   20
   20
    0
```
②
```
    2.25
4)9
  8
  10
   8
   20
   20
    0
```
③
```
    0.74
5)3.7
  35
   20
   20
    0
```
④
```
    0.75
8)6.0
  56
   40
   40
    0
```

ポイント

商の小数点は，わられる数の小数点の位置にそろえてうちます。

12 小数のわり算 ①

練習

本さつ15ページ

① 1.25　② 1.38　③ 3.65　④ 1.25
⑤ 0.65　⑥ 0.46　⑦ 1.525　⑧ 0.675
⑨ 0.375

13 小数のわり算 ① 練習

▶▶▶ 本さつ16ページ

① 1.15　② 1.82　③ 2.75　④ 0.25
⑤ 0.76　⑥ 0.45　⑦ 0.675　⑧ 3.175
⑨ 2.125

14 小数のわり算 ② 理解

▶▶▶ 本さつ17ページ

①
```
       3.5
1.8)6.3.
    5 4
      9 0
      9 0
        0
```

②
```
       2.5
1.8)4.5.
    3 6
      9 0
      9 0
        0
```

③
```
       0.6
2.5)1.5.0
    1 5 0
        0
```

④
```
       2.5
1.2)3.0.
    2 4
      6 0
      6 0
        0
```

ポイント

わる数を整数にするために，わる数とわられる数の小数点を同じけた数だけ右に移します。

15 小数のわり算 ② 練習

▶▶▶ 本さつ18ページ

① 7　② 4　③ 1.8　④ 1.2
⑤ 1.5　⑥ 2.5　⑦ 0.5　⑧ 3.75
⑨ 6.25

16 小数のわり算 ② 練習

▶▶▶ 本さつ19ページ

① 5　② 1.5　③ 3.5　④ 0.25
⑤ 5.25　⑥ 15　⑦ 1.2　⑧ 8.75
⑨ 6.25

17 小数のわり算 ③ 理解

▶▶▶ 本さつ20ページ

①
```
        6.8
1.4)9.5.2
    8 4
    1 1 2
    1 1 2
        0
```

②
```
        3.4
1.4)4.7.6
    4 2
      5 6
      5 6
        0
```

③
```
           2.4
0.6 5)1.5 6.
      1 3 0
        2 6 0
        2 6 0
            0
```

④
```
           4 5
0.1 6)7.2 0.
      6 4
        8 0
        8 0
          0
```

ポイント

わられる数の小数点を移した場合，商の小数点は，移した位置にそろえてうちます。

18 小数のわり算 ③ 練習

▶▶▶ 本さつ21ページ

① 1.4　② 1.6　③ 3.65　④ 0.36
⑤ 1.5　⑥ 6.5　⑦ 4.56　⑧ 5
⑨ 8

19 小数のわり算 ③ 練習

▶▶▶ 本さつ22ページ

① 2.1　② 8.7　③ 5.05　④ 0.48
⑤ 8.5　⑥ 4.32　⑦ 8　⑧ 38
⑨ 2.5

20 あまりのある小数のわり算 ① 理解

▶▶▶ 本さつ23ページ

①
```
         4
1.7)8.1.
    6 8
    1.3
```

②
```
         3
1.7)6.5.
    5 1
    1.4
```

③
```
           9
2.3)2 2.4.
    2 0 7
      1.7
```

④
```
         2 4
1.6)3 8.6.
    3 2
      6 6
      6 4
      0.2
```

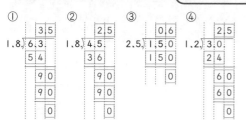

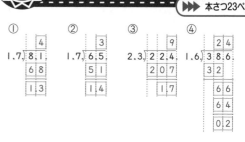

ポイント

あまりの小数点は，わられる数のもとの小数点の位置にそろえてうちます。

ここが ニガテ

あまりの小数点をつけるのをわすれがちです。わられる数のもとの小数点の位置にそろえて，わすれずにつけましょう。

21 あまりのある小数のわり算 ① 練習

本さつ24ページ

① 5 あまり 1.1　② 6 あまり 1.5
③ 3 あまり 2.6　④ 4 あまり 0.7
⑤ 12 あまり 1.2　⑥ 10 あまり 2.3
⑦ 18 あまり 0.3　⑧ 19 あまり 0.5
⑨ 21 あまり 0.6

22 あまりのある小数のわり算 ① 練習

本さつ25ページ

① 6 あまり 1.2　② 5 あまり 2.3
③ 8 あまり 0.7　④ 4 あまり 0.8
⑤ 15 あまり 1.3　⑥ 24 あまり 0.6
⑦ 34 あまり 0.4　⑧ 14 あまり 0.9
⑨ 31 あまり 0.3

23 あまりのある小数のわり算 ② 理解

本さつ26ページ

①
```
       2 3
1.6)3.8
    3 2
      6 0
      4 8
    0.1 2
```

②
```
       4 6
1.6)7.5
    6 4
    1 1 0
        9 6
    0.1 4
```

③
```
        0.8
5.7)4.8 0
    4 5 6
    0.2 4
```

④
```
        0.7
6.2)4.4 3
    4 3 4
    0.0 9
```

ポイント

あまりの小数点は，わられる数のもとの小数点の位置にそろえてうちます。

ここが ニガテ

あまりの小数点の位置は，商とちがうので気をつけましょう。わられる数のもとの小数点の位置にそろえます。

24 あまりのある小数のわり算 ② 練習

本さつ27ページ

① 3.1 あまり 0.12　② 1.6 あまり 0.24
③ 4.3 あまり 0.18　④ 18.5 あまり 0.15
⑤ 7.7 あまり 0.14　⑥ 65.8 あまり 0.04
⑦ 0.3 あまり 0.49　⑧ 9.6 あまり 0.03
⑨ 0.4 あまり 0.03

25 あまりのある小数のわり算 ② 練習

本さつ28ページ

① 3.2 あまり 0.06　② 3.5 あまり 0.05
③ 5.4 あまり 0.14　④ 1.9 あまり 0.21
⑤ 0.6 あまり 0.27　⑥ 7.8 あまり 0.05
⑦ 0.6 あまり 0.35　⑧ 0.8 あまり 0.06
⑨ 8.6 あまり 0.05

26 3つの数の計算 ① 理解

本さつ29ページ

① 1.2 × (2 + 3.2) = 1.2 × 5.2 = 6.24
② 1.2 × (4.3 + 4) = 1.2 × 8.3 = 9.96
③ 7.2 ÷ (5 − 3.8) = 7.2 ÷ 1.2 = 6
④ 9.6 ÷ (1.8 + 1.4) = 9.6 ÷ 3.2 = 3
⑤ (2.2 + 1.3) × 3.4 = 3.5 × 3.4 = 11.9
⑥ (5.3 − 2.8) × 1.5 = 2.5 × 1.5 = 3.75
⑦ (1.4 + 6.4) ÷ 1.3 = 7.8 ÷ 1.3 = 6
⑧ (8.8 − 2.5) ÷ 1.4 = 6.3 ÷ 1.4 = 4.5

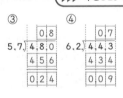

ポイント

小数の計算の場合も，整数のときと同じように，かっこがあるときは，かっこの中を先に計算します。

ここが ニガテ

かっこがあるときは，かけ算やわり算よりも先に計算します。

27 3つの数の計算 ① 練習

▶▶▶ 本さつ30ページ

① 6.58　② 6.72　③ 25.5　④ 2
⑤ 5　⑥ 7.5　⑦ 9.66　⑧ 3.15
⑨ 5.25　⑩ 1.5　⑪ 1.5

28 3つの数の計算 ② 理解

▶▶▶ 本さつ31ページ

① 3.2＋1.5×4＝ 3.2 ＋ 6 ＝ 9.2

② 4.5＋1.5×1.6＝ 4.5 ＋ 2.4 ＝ 6.9

③ 4.8－1.2×2.5＝ 4.8 － 3 ＝ 1.8

④ 5.9－2.7×2＝ 5.9 － 5.4 ＝ 0.5

⑤ 2.6＋3.6÷2＝ 2.6 ＋ 1.8 ＝ 4.4

⑥ 3.3＋5.6÷1.6＝ 3.3 ＋ 3.5 ＝ 6.8

⑦ 7.8－6.9÷3＝ 7.8 － 2.3 ＝ 5.5

⑧ 8.2－7.2÷1.5＝ 8.2 － 4.8 ＝ 3.4

ポイント

かっこがないときは，かけ算やわり算を先に計算して，そのあとにたし算やひき算を計算します。

ここが ニガテ

小数の場合も，整数のときの計算のきまりと同じように考えます。かけ算やわり算が式のうしろにあっても，たし算やひき算より先に計算するようにしましょう。

29 3つの数の計算 ② 練習

▶▶▶ 本さつ32ページ

① 12　② 8.4　③ 10.88　④ 6.76
⑤ 3.02　⑥ 6.6　⑦ 10.8　⑧ 4.7
⑨ 5.55　⑩ 6.85　⑪ 4.85

30 小数のわり算のまとめ
暗号ゲーム

▶▶▶ 本さつ33ページ

① 5)11.3　答え 2.26
10
13
10
30
30
0

② 3.8)5.7　答え 1.5
38
190
190
0

③ 7.5)630　答え 8.4
600
300
300
0

④ 1.4)4.06　答え 2.9
28
126
126
0

え 1.35	つ 3.25
き 1.5	い 2.64
お 1.9	が 3.8
ま 0.3	ゆ 8.4
う 2.9	や 2.26
て 1.2	り 2.75

いっしょに
①や ②き ③ゅ ④う を見に行こう。

31 分母が同じ分数のたし算 ① 理解

▶▶▶ 本さつ34ページ

① $\frac{3}{4}$　② $\frac{3}{5}$　③ $\frac{5}{6}$

④ $\frac{8}{9}$　⑤ $\frac{11}{7}$，$1\frac{4}{7}$　⑥ $\frac{4}{3}$，$1\frac{1}{3}$

⑦ $\frac{8}{8}$，1　⑧ $\frac{6}{6}$，1

ポイント

分母が同じ分数のたし算は，分母はそのままにして分子だけたします。

32 分母が同じ分数のたし算 ① 練習

本さつ35ページ

① $\frac{2}{3}$　② $\frac{6}{7}$　③ $\frac{7}{9}$

④ $\frac{7}{10}$　⑤ $\frac{4}{5}$　⑥ $\frac{7}{12}$

⑦ $\frac{9}{11}$　⑧ $\frac{5}{8}$　⑨ $\frac{7}{6}\left(1\frac{1}{6}\right)$

⑩ $\frac{11}{7}\left(1\frac{4}{7}\right)$　⑪ $\frac{19}{15}\left(1\frac{4}{15}\right)$　⑫ $\frac{21}{13}\left(1\frac{8}{13}\right)$

⑬ $\frac{5}{4}\left(1\frac{1}{4}\right)$　⑭ 1　⑮ 1

⑯ 1　⑰ 1　⑱ 1

33 分母が同じ分数のたし算 ② 理解

本さつ36ページ

① $\frac{17}{6}$，$2\frac{5}{6}$　② $\frac{17}{7}$，$2\frac{3}{7}$　③ $\frac{13}{4}$，$3\frac{1}{4}$

④ $\frac{8}{3}$，$2\frac{2}{3}$　⑤ $\frac{14}{5}$，$2\frac{4}{5}$　⑥ $\frac{21}{8}$，$2\frac{5}{8}$

⑦ $\frac{8}{2}$，4　⑧ $\frac{12}{4}$，3

ポイント

分母が同じ仮分数のたし算も，分母はそのままにして分子だけたします。

34 分母が同じ分数のたし算 ② 練習

本さつ37ページ

① $\frac{11}{4}\left(2\frac{3}{4}\right)$　② $\frac{17}{6}\left(2\frac{5}{6}\right)$　③ $\frac{23}{9}\left(2\frac{5}{9}\right)$

④ $\frac{19}{7}\left(2\frac{5}{7}\right)$　⑤ $\frac{26}{11}\left(2\frac{4}{11}\right)$　⑥ $\frac{10}{3}\left(3\frac{1}{3}\right)$

⑦ $\frac{21}{8}\left(2\frac{5}{8}\right)$　⑧ $\frac{31}{10}\left(3\frac{1}{10}\right)$　⑨ $\frac{26}{5}\left(5\frac{1}{5}\right)$

⑩ $\frac{23}{4}\left(5\frac{3}{4}\right)$　⑪ $\frac{19}{3}\left(6\frac{1}{3}\right)$　⑫ $\frac{37}{13}\left(2\frac{11}{13}\right)$

⑬ 6　⑭ 4　⑮ 6

⑯ 4　⑰ 3　⑱ 5

35 分母が同じ分数のたし算 ③ 理解

本さつ38ページ

① $2\frac{3}{4}$　② $2\frac{3}{5}$　③ $4\frac{2}{3}$　④ $5\frac{4}{5}$

⑤ $5\frac{7}{8}$　⑥ $5\frac{9}{10}$　⑦ $3\frac{7}{9}$　⑧ $2\frac{6}{7}$

ポイント

帯分数のたし算は，整数部分と分数部分に分けて計算します。

36 分母が同じ分数のたし算 ③ 練習

本さつ39ページ

① $2\frac{4}{5}$　② $4\frac{6}{7}$　③ $3\frac{3}{8}$　④ $4\frac{5}{6}$

⑤ $5\frac{9}{10}$　⑥ $4\frac{5}{9}$　⑦ $4\frac{6}{7}$　⑧ $5\frac{5}{8}$

⑨ $6\frac{5}{6}$　⑩ $7\frac{4}{5}$　⑪ $5\frac{7}{9}$　⑫ $8\frac{10}{11}$

⑬ $6\frac{7}{8}$　⑭ $6\frac{9}{10}$　⑮ $4\frac{4}{5}$　⑯ $3\frac{3}{4}$

⑰ $3\frac{7}{8}$　⑱ $4\frac{5}{9}$

37 分母が同じ分数のたし算 ④ 理解

本さつ40ページ

① $2\frac{13}{8}$，$3\frac{5}{8}$　② $3\frac{13}{9}$，$4\frac{4}{9}$

③ $4\frac{9}{7}$，$5\frac{2}{7}$　④ $2\frac{13}{10}$，$3\frac{3}{10}$

ポイント

帯分数のたし算で，分数部分が仮分数になったときは，整数部分にくり上げます。

38 分母が同じ分数のたし算 ④ 練習

本さつ41ページ

① $4\frac{1}{3}$　② $5\frac{2}{5}$　③ $7\frac{1}{8}$　④ $9\frac{1}{6}$

⑤ $8\frac{2}{9}$　⑥ $9\frac{7}{12}$　⑦ $10\frac{1}{4}$　⑧ $5\frac{3}{7}$

⑨ $4\frac{4}{9}$

39 分数のたし算のまとめ ①
暗号ゲーム

本さつ42ページ

いちごがり

40 分母が同じ分数のひき算 ① 理解

本さつ43ページ

① $\frac{3}{5}$　② $\frac{3}{7}$　③ $\frac{4}{9}$　④ $\frac{1}{4}$

⑤ $\frac{4}{11}$　⑥ $\frac{3}{10}$　⑦ $\frac{2}{3}$　⑧ $\frac{4}{5}$

ポイント

分母が同じ分数のひき算は，分母はそのままにして分子だけひきます。

41 分母が同じ分数のひき算 ① 練習

本さつ44ページ

① $\frac{1}{3}$　② $\frac{2}{5}$　③ $\frac{2}{7}$　④ $\frac{3}{8}$

⑤ $\frac{7}{10}$　⑥ $\frac{4}{9}$　⑦ $\frac{3}{11}$　⑧ $\frac{5}{7}$

⑨ $\frac{2}{9}$　⑩ $\frac{6}{7}$　⑪ $\frac{3}{5}$　⑫ $\frac{5}{8}$

⑬ $\frac{9}{10}$　⑭ $\frac{5}{6}$　⑮ $\frac{3}{4}$　⑯ $\frac{5}{11}$

⑰ $\frac{8}{9}$　⑱ $\frac{5}{12}$

42 分母が同じ分数のひき算 ② 理解

本さつ45ページ

① $\frac{1}{5}$　② $\frac{1}{3}$　③ $\frac{2}{7}$　④ $\frac{3}{10}$

⑤ $\frac{9}{7}$，$1\frac{2}{7}$　⑥ $\frac{8}{5}$，$1\frac{3}{5}$

⑦ $\frac{12}{6}$，2　⑧ $\frac{8}{8}$，1

ポイント

分母が同じ仮分数のひき算も，分母はそのままにして分子だけひきます。

43 分母が同じ分数のひき算 ② 練習

本さつ46ページ

① $\frac{2}{3}$　② $\frac{3}{5}$　③ $\frac{3}{4}$

④ $\frac{4}{7}$　⑤ $\frac{7}{10}$　⑥ $\frac{3}{8}$

⑦ $\frac{7}{9}$　⑧ $\frac{6}{11}$　⑨ $\frac{7}{4}\left(1\frac{3}{4}\right)$

⑩ $\frac{11}{5}\left(2\frac{1}{5}\right)$　⑪ $\frac{10}{3}\left(3\frac{1}{3}\right)$　⑫ $\frac{13}{10}\left(1\frac{3}{10}\right)$

⑬ 1　⑭ 1　⑮ 3

⑯ 2　⑰ 2　⑱ 2

44 分母が同じ分数のひき算 ③ 理解

本さつ47ページ

① $2\frac{1}{5}$　② $1\frac{1}{7}$　③ $3\frac{3}{8}$　④ $1\frac{7}{10}$

⑤ $\frac{1}{4}$　⑥ $\frac{2}{7}$　⑦ $1\frac{5}{9}$　⑧ $3\frac{1}{6}$

ポイント

帯分数のひき算は，整数部分，分数部分を分けて計算します。

45 分母が同じ分数のひき算 ③ 練習

本さつ48ページ

① $1\frac{1}{3}$　② $2\frac{4}{7}$　③ $3\frac{3}{5}$　④ $4\frac{1}{6}$

⑤ $4\frac{1}{4}$　⑥ $4\frac{7}{10}$　⑦ $7\frac{3}{8}$　⑧ $2\frac{2}{11}$

⑨ $\frac{2}{7}$　⑩ $\frac{1}{4}$　⑪ $\frac{2}{9}$　⑫ $\frac{1}{5}$

⑬ $\frac{3}{11}$　⑭ $2\frac{3}{10}$　⑮ $3\frac{2}{7}$　⑯ $4\frac{1}{9}$

⑰ $8\frac{5}{12}$　⑱ $5\frac{6}{11}$

46 分母が同じ分数のひき算 ④ 理解

本さつ49ページ

① $3\frac{1}{4}-1\frac{2}{4}=2\frac{5}{4}-1\frac{2}{4}=1\frac{3}{4}$

② $4\frac{1}{5}-1\frac{2}{5}=3\frac{6}{5}-1\frac{2}{5}=2\frac{4}{5}$

③ $3\frac{2}{7}-2\frac{6}{7}=2\frac{9}{7}-2\frac{6}{7}=\frac{3}{7}$

④ $4\frac{1}{8}-\frac{6}{8}=3\frac{9}{8}-\frac{6}{8}=3\frac{3}{8}$

ポイント

分数部分がひけないときは，整数部分から１くり下げてひかれる数の分数部分を仮分数になおします。

47 分母が同じ分数のひき算 ④ 練習

本さつ50ページ

① $1\frac{3}{5}$　② $1\frac{2}{3}$　③ $3\frac{4}{7}$　④ $3\frac{7}{9}$

⑤ $\frac{5}{8}$　⑥ $\frac{7}{12}$　⑦ $\frac{5}{6}$　⑧ $2\frac{9}{13}$

⑨ $5\frac{9}{10}$

48 分数のひき算のまとめ ① めいろゲーム

本さつ51ページ

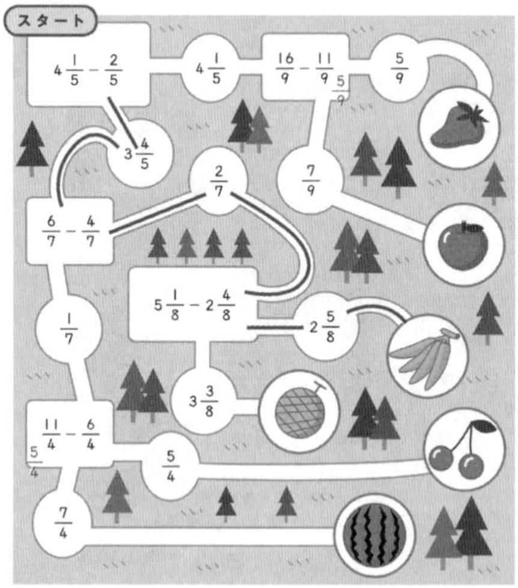

49 分母がちがう分数のたし算 ① 理解

本さつ52ページ

① $\frac{1}{3}+\frac{1}{4}=\frac{4}{12}+\frac{3}{12}=\frac{7}{12}$

② $\frac{2}{3}+\frac{1}{4}=\frac{8}{12}+\frac{3}{12}=\frac{11}{12}$

③ $\frac{3}{5}+\frac{3}{4}=\frac{12}{20}+\frac{15}{20}=\frac{27}{20}=1\frac{7}{20}$

④ $\frac{4}{9}+\frac{5}{6}=\frac{8}{18}+\frac{15}{18}=\frac{23}{18}=1\frac{5}{18}$

ポイント

分母がちがう分数のたし算は，分母の最小公倍数を考えて通分して，分母はそのままで，分子どうしをたします。

50 分母がちがう分数のたし算 ① 練習

本さつ53ページ

① $\frac{9}{10}$　② $\frac{5}{8}$　③ $\frac{20}{21}$

④ $\frac{7}{12}$　⑤ $\frac{22}{15}\left(1\frac{7}{15}\right)$　⑥ $\frac{35}{36}$

⑦ $\frac{41}{24}\left(1\frac{17}{24}\right)$　⑧ $\frac{83}{60}\left(1\frac{23}{60}\right)$　⑨ $\frac{53}{42}\left(1\frac{11}{42}\right)$

51 分母がちがう分数のたし算 ① 練習

本さつ54ページ

① $\frac{13}{20}$　② $\frac{7}{10}$　③ $\frac{7}{8}$

④ $\frac{8}{9}$　⑤ $\frac{15}{14}\left(1\frac{1}{14}\right)$　⑥ $\frac{13}{10}\left(1\frac{3}{10}\right)$

⑦ $\frac{37}{30}\left(1\frac{7}{30}\right)$　⑧ $\frac{31}{20}\left(1\frac{11}{20}\right)$　⑨ $\frac{37}{36}\left(1\frac{1}{36}\right)$

52 分母がちがう分数のたし算 ② 理解

本さつ55ページ

① $\frac{3}{2}+\frac{4}{3}=\frac{\boxed{9}}{\boxed{6}}+\frac{\boxed{8}}{\boxed{6}}=\frac{\boxed{17}}{\boxed{6}}=\boxed{2}\frac{\boxed{5}}{\boxed{6}}$

② $\frac{5}{3}+\frac{5}{2}=\frac{\boxed{10}}{\boxed{6}}+\frac{\boxed{15}}{\boxed{6}}=\frac{\boxed{25}}{\boxed{6}}=\boxed{4}\frac{\boxed{1}}{\boxed{6}}$

③ $\frac{7}{6}+\frac{5}{4}=\frac{\boxed{14}}{\boxed{12}}+\frac{\boxed{15}}{\boxed{12}}=\frac{\boxed{29}}{\boxed{12}}=\boxed{2}\frac{\boxed{5}}{\boxed{12}}$

④ $\frac{9}{8}+\frac{7}{2}=\frac{\boxed{9}}{\boxed{8}}+\frac{\boxed{28}}{\boxed{8}}=\frac{\boxed{37}}{\boxed{8}}=\boxed{4}\frac{\boxed{5}}{\boxed{8}}$

ポイント

分母がちがう仮分数のたし算も，通分してから計算します。

53 分母がちがう分数のたし算 ② 練習

本さつ56ページ

① $\frac{31}{12}\left(2\frac{7}{12}\right)$　② $\frac{23}{10}\left(2\frac{3}{10}\right)$　③ $\frac{51}{14}\left(3\frac{9}{14}\right)$

④ $\frac{23}{8}\left(2\frac{7}{8}\right)$　⑤ $\frac{83}{30}\left(2\frac{23}{30}\right)$　⑥ $\frac{47}{18}\left(2\frac{11}{18}\right)$

⑦ $\frac{77}{20}\left(3\frac{17}{20}\right)$　⑧ $\frac{77}{24}\left(3\frac{5}{24}\right)$　⑨ $\frac{79}{36}\left(2\frac{7}{36}\right)$

54 分母がちがう分数のたし算 ② 練習

本さつ57ページ

① $\frac{29}{10}\left(2\frac{9}{10}\right)$　② $\frac{25}{8}\left(3\frac{1}{8}\right)$　③ $\frac{19}{6}\left(3\frac{1}{6}\right)$

④ $\frac{33}{10}\left(3\frac{3}{10}\right)$　⑤ $\frac{71}{21}\left(3\frac{8}{21}\right)$　⑥ $\frac{61}{20}\left(3\frac{1}{20}\right)$

⑦ $\frac{77}{30}\left(2\frac{17}{30}\right)$　⑧ $\frac{85}{28}\left(3\frac{1}{28}\right)$　⑨ $\frac{67}{30}\left(2\frac{7}{30}\right)$

55 分母がちがう分数のたし算 ③ 理解

本さつ58ページ

① $3\frac{1}{3}+1\frac{1}{5}=3\frac{\boxed{5}}{\boxed{15}}+1\frac{\boxed{3}}{\boxed{15}}=\boxed{4}\frac{\boxed{8}}{\boxed{15}}$

② $2\frac{3}{5}+3\frac{1}{3}=2\frac{\boxed{9}}{\boxed{15}}+3\frac{\boxed{5}}{\boxed{15}}=\boxed{5}\frac{\boxed{14}}{\boxed{15}}$

③ $\frac{2}{5}+4\frac{1}{6}=\frac{\boxed{12}}{\boxed{30}}+4\frac{\boxed{5}}{\boxed{30}}=\boxed{4}\frac{\boxed{17}}{\boxed{30}}$

④ $5\frac{2}{7}+\frac{1}{2}=5\frac{\boxed{4}}{\boxed{14}}+\frac{\boxed{7}}{\boxed{14}}=\boxed{5}\frac{\boxed{11}}{\boxed{14}}$

ポイント

分数部分の分母の最小公倍数を考えて通分してから，整数部分，分数部分をそれぞれたします。

56 分母がちがう分数のたし算 ③ 練習

本さつ59ページ

① $3\frac{5}{6}$　② $4\frac{19}{20}$　③ $4\frac{5}{6}$　④ $5\frac{7}{8}$

⑤ $6\frac{15}{28}$　⑥ $1\frac{11}{18}$　⑦ $2\frac{19}{20}$　⑧ $1\frac{19}{24}$

⑨ $3\frac{26}{45}$

57 分母がちがう分数のたし算 ③ 練習

▶▶▶ 本さつ60ページ

① $3\frac{5}{8}$　② $7\frac{5}{12}$　③ $6\frac{13}{15}$　④ $9\frac{19}{24}$

⑤ $6\frac{43}{45}$　⑥ $3\frac{31}{42}$　⑦ $2\frac{17}{20}$　⑧ $5\frac{17}{30}$

⑨ $7\frac{19}{36}$

58 分母がちがう分数のたし算 ④ 理解

▶▶▶ 本さつ61ページ

① $2\frac{1}{3}+1\frac{3}{4}=2\frac{\boxed{4}}{\boxed{12}}+1\frac{\boxed{9}}{\boxed{12}}=\boxed{3}\frac{\boxed{13}}{\boxed{12}}=\boxed{4}\frac{\boxed{1}}{\boxed{12}}$

② $4\frac{3}{4}+3\frac{2}{3}=4\frac{\boxed{9}}{\boxed{12}}+3\frac{\boxed{8}}{\boxed{12}}=\boxed{7}\frac{\boxed{17}}{\boxed{12}}=\boxed{8}\frac{\boxed{5}}{\boxed{12}}$

③ $\frac{6}{7}+5\frac{1}{2}=\frac{\boxed{12}}{\boxed{14}}+5\frac{\boxed{7}}{\boxed{14}}=\boxed{5}\frac{\boxed{19}}{\boxed{14}}=\boxed{6}\frac{\boxed{5}}{\boxed{14}}$

④ $6\frac{4}{5}+\frac{3}{4}=6\frac{\boxed{16}}{\boxed{20}}+\frac{\boxed{15}}{\boxed{20}}=\boxed{6}\frac{\boxed{31}}{\boxed{20}}=\boxed{7}\frac{\boxed{11}}{\boxed{20}}$

ポイント

分数部分が仮分数になったときは，整数部分に 1 くり上げて分数部分を真分数になおします。

59 分母がちがう分数のたし算 ④ 練習

▶▶▶ 本さつ62ページ

① $5\frac{1}{6}$　② $6\frac{1}{8}$　③ $8\frac{3}{10}$　④ $9\frac{1}{6}$

⑤ $10\frac{2}{15}$　⑥ $8\frac{7}{12}$　⑦ $6\frac{3}{14}$　⑧ $4\frac{1}{24}$

⑨ $8\frac{7}{36}$

60 分母がちがう分数のたし算 ④ 練習

▶▶▶ 本さつ63ページ

① $5\frac{1}{4}$　② $7\frac{1}{9}$　③ $8\frac{1}{20}$　④ $7\frac{11}{24}$

⑤ $7\frac{7}{30}$　⑥ $6\frac{8}{21}$　⑦ $7\frac{13}{48}$　⑧ $9\frac{5}{28}$

⑨ $4\frac{23}{45}$

61 分母がちがう分数のたし算 ⑤ 理解

▶▶▶ 本さつ64ページ

① $\frac{1}{2}+\frac{3}{10}=\frac{\boxed{5}}{\boxed{10}}+\frac{\boxed{3}}{\boxed{10}}=\frac{\boxed{8}}{\boxed{10}}=\frac{\boxed{4}}{\boxed{5}}$

② $\frac{13}{10}+\frac{5}{2}=\frac{\boxed{13}}{\boxed{10}}+\frac{\boxed{25}}{\boxed{10}}=\frac{\boxed{38}}{\boxed{10}}=\frac{\boxed{19}}{\boxed{5}}=\boxed{3}\frac{\boxed{4}}{\boxed{5}}$

③ $1\frac{1}{6}+2\frac{7}{12}=1\frac{\boxed{2}}{\boxed{12}}+2\frac{\boxed{7}}{\boxed{12}}=3\frac{\boxed{9}}{\boxed{12}}=3\frac{\boxed{3}}{\boxed{4}}$

④ $3\frac{11}{15}+4\frac{2}{3}=3\frac{\boxed{11}}{\boxed{15}}+4\frac{\boxed{10}}{\boxed{15}}=7\frac{\boxed{21}}{\boxed{15}}=7\frac{\boxed{7}}{\boxed{5}}=\boxed{8}\frac{\boxed{2}}{\boxed{5}}$

ポイント

分数部分が約分できるときは，約分してできるだけ分母を小さくします。

ここが ニガテ

約分するときは，分子と分母の最大公約数を求めて，それでわるようにします。約分を忘れやすいので注意しましょう。

62 分母がちがう分数のたし算 ⑤ 練習

▶▶▶ 本さつ65ページ

① $\frac{2}{3}$　② $\frac{1}{2}$　③ $\frac{3}{4}$　④ $2\frac{2}{5}$

⑤ $2\frac{1}{2}$　⑥ $4\frac{3}{5}$　⑦ $5\frac{5}{6}$　⑧ $6\frac{1}{5}$

⑨ $8\frac{1}{15}$

63 分母がちがう分数のたし算 ⑤ 練習

▶▶▶ 本さつ66ページ

① $\frac{1}{2}$　② $\frac{2}{3}$　③ $2\frac{3}{5}$　④ $1\frac{3}{4}$

⑤ $2\frac{1}{2}$　⑥ $5\frac{1}{3}$　⑦ $3\frac{5}{7}$　⑧ $4\frac{1}{2}$

⑨ $8\frac{2}{5}$

64 分母がちがう分数のたし算 ⑤ 練習

本さつ67ページ

① $\frac{3}{4}$　② $\frac{3}{4}$　③ $2\frac{1}{6}$　④ $3\frac{1}{2}$

⑤ $6\frac{1}{2}$　⑥ $2\frac{5}{6}$　⑦ $5\frac{3}{4}$　⑧ $7\frac{1}{4}$

⑨ $7\frac{7}{10}$

65 分数のたし算のまとめ ② 暗号ゲーム

本さつ68ページ

① $\frac{1}{6}+\frac{2}{3}=\frac{5}{6}$　② $\frac{3}{4}+\frac{5}{12}=1\frac{1}{6}$

③ $\frac{13}{10}+\frac{8}{5}=2\frac{9}{10}$　④ $1\frac{1}{12}+\frac{5}{9}=1\frac{23}{36}$

⑤ $\frac{5}{7}+\frac{11}{21}=1\frac{5}{21}$　⑥ $2\frac{1}{3}+1\frac{13}{15}=4\frac{1}{5}$

66 分母がちがう分数のひき算 ① 理解

本さつ69ページ

① $\frac{2}{5}-\frac{1}{3}=\frac{\boxed{6}}{\boxed{15}}-\frac{\boxed{5}}{\boxed{15}}=\frac{\boxed{1}}{\boxed{15}}$

② $\frac{4}{5}-\frac{2}{3}=\frac{\boxed{12}}{\boxed{15}}-\frac{\boxed{10}}{\boxed{15}}=\frac{\boxed{2}}{\boxed{15}}$

③ $\frac{3}{4}-\frac{3}{8}=\frac{\boxed{6}}{\boxed{8}}-\frac{\boxed{3}}{\boxed{8}}=\frac{\boxed{3}}{\boxed{8}}$

④ $\frac{9}{10}-\frac{5}{8}=\frac{\boxed{36}}{\boxed{40}}-\frac{\boxed{25}}{\boxed{40}}=\frac{\boxed{11}}{\boxed{40}}$

ポイント

分母がちがう分数のひき算は，分母の最小公倍数を考えて通分して，分母はそのままで，分子どうしをひきます。

67 分母がちがう分数のひき算 ① 練習

本さつ70ページ

① $\frac{1}{6}$　② $\frac{7}{10}$　③ $\frac{4}{9}$　④ $\frac{1}{8}$

⑤ $\frac{1}{21}$　⑥ $\frac{3}{40}$　⑦ $\frac{7}{12}$　⑧ $\frac{17}{36}$

⑨ $\frac{1}{90}$

68 分母がちがう分数のひき算 ① 練習

本さつ71ページ

① $\frac{3}{10}$　② $\frac{5}{24}$　③ $\frac{4}{21}$　④ $\frac{7}{20}$

⑤ $\frac{4}{45}$　⑥ $\frac{1}{12}$　⑦ $\frac{1}{30}$　⑧ $\frac{3}{14}$

⑨ $\frac{1}{36}$

69 分母がちがう分数のひき算 ② 理解

本さつ72ページ

① $\frac{5}{2}-\frac{7}{3}=\frac{\boxed{15}}{\boxed{6}}-\frac{\boxed{14}}{\boxed{6}}=\frac{\boxed{1}}{\boxed{6}}$

② $\frac{7}{2}-\frac{8}{3}=\frac{\boxed{21}}{\boxed{6}}-\frac{\boxed{16}}{\boxed{6}}=\frac{\boxed{5}}{\boxed{6}}$

③ $\frac{7}{6}-\frac{9}{8}=\frac{\boxed{28}}{\boxed{24}}-\frac{\boxed{27}}{\boxed{24}}=\frac{\boxed{1}}{\boxed{24}}$

④ $\frac{12}{5}-\frac{4}{3}=\frac{\boxed{36}}{\boxed{15}}-\frac{\boxed{20}}{\boxed{15}}=\frac{\boxed{16}}{\boxed{15}}=\boxed{1}\frac{\boxed{1}}{\boxed{15}}$

ポイント

分母がちがう仮分数のひき算も，分母の最小公倍数を考えて通分してから計算します。

70 分母がちがう分数のひき算 ②

練習

本さつ73ページ

① $\frac{4}{15}$　② $\frac{5}{18}$　③ $\frac{1}{12}$

④ $\frac{4}{15}$　⑤ $\frac{5}{24}$　⑥ $\frac{5}{8}$

⑦ $\frac{3}{10}$　⑧ $\frac{3}{20}$　⑨ $\frac{21}{20}\left(1\frac{1}{20}\right)$

71 分母がちがう分数のひき算 ②

練習

本さつ74ページ

① $\frac{5}{6}$　② $\frac{9}{20}$　③ $\frac{3}{8}$

④ $\frac{7}{15}$　⑤ $\frac{1}{28}$　⑥ $\frac{3}{8}$

⑦ $\frac{1}{12}$　⑧ $\frac{11}{24}$　⑨ $\frac{31}{30}\left(1\frac{1}{30}\right)$

72 分母がちがう分数のひき算 ③

理解

本さつ75ページ

① $3\frac{2}{3}-1\frac{3}{5}=3\frac{\boxed{10}}{\boxed{15}}-1\frac{\boxed{9}}{\boxed{15}}=\boxed{2}\frac{\boxed{1}}{\boxed{15}}$

② $4\frac{4}{5}-2\frac{1}{3}=4\frac{\boxed{12}}{\boxed{15}}-2\frac{\boxed{5}}{\boxed{15}}=\boxed{2}\frac{\boxed{7}}{\boxed{15}}$

③ $5\frac{8}{9}-3\frac{2}{3}=5\frac{\boxed{8}}{\boxed{9}}-3\frac{\boxed{6}}{\boxed{9}}=\boxed{2}\frac{\boxed{2}}{\boxed{9}}$

④ $3\frac{6}{7}-\frac{1}{2}=3\frac{\boxed{12}}{\boxed{14}}-\frac{\boxed{7}}{\boxed{14}}=\boxed{3}\frac{\boxed{5}}{\boxed{14}}$

ポイント

帯分数のひき算も，分数部分を通分してから，整数部分，分数部分を分けて計算します。

73 分母がちがう分数のひき算 ③

練習

本さつ76ページ

① $2\frac{5}{14}$　② $2\frac{7}{20}$　③ $1\frac{7}{30}$　④ $2\frac{13}{45}$

⑤ $5\frac{3}{40}$　⑥ $1\frac{17}{24}$　⑦ $3\frac{1}{9}$　⑧ $2\frac{13}{20}$

⑨ $4\frac{19}{60}$

74 分母がちがう分数のひき算 ③

練習

本さつ77ページ

① $1\frac{7}{10}$　② $3\frac{11}{24}$　③ $1\frac{13}{30}$　④ $4\frac{2}{9}$

⑤ $3\frac{3}{10}$　⑥ $4\frac{7}{24}$　⑦ $3\frac{1}{20}$　⑧ $2\frac{7}{15}$

⑨ $8\frac{19}{36}$

75 分母がちがう分数のひき算 ④

理解

本さつ78ページ

① $3\frac{1}{5}-1\frac{3}{4}=3\frac{\boxed{4}}{\boxed{20}}-1\frac{\boxed{15}}{\boxed{20}}=\boxed{2}\frac{\boxed{24}}{\boxed{20}}-\boxed{1}\frac{\boxed{15}}{\boxed{20}}$

$=\boxed{1}\frac{\boxed{9}}{\boxed{20}}$

② $4\frac{1}{4}-1\frac{2}{5}=4\frac{\boxed{5}}{\boxed{20}}-1\frac{\boxed{8}}{\boxed{20}}=\boxed{3}\frac{\boxed{25}}{\boxed{20}}-\boxed{1}\frac{\boxed{8}}{\boxed{20}}$

$=\boxed{2}\frac{\boxed{17}}{\boxed{20}}$

③ $3\frac{2}{3}-2\frac{5}{6}=3\frac{\boxed{4}}{\boxed{6}}-2\frac{\boxed{5}}{\boxed{6}}=\boxed{2}\frac{\boxed{10}}{\boxed{6}}-\boxed{2}\frac{\boxed{5}}{\boxed{6}}=\frac{\boxed{5}}{\boxed{6}}$

④ $5\frac{2}{5}-\frac{3}{7}=5\frac{\boxed{14}}{\boxed{35}}-\frac{\boxed{15}}{\boxed{35}}=\boxed{4}\frac{\boxed{49}}{\boxed{35}}-\frac{\boxed{15}}{\boxed{35}}=\boxed{4}\frac{\boxed{34}}{\boxed{35}}$

ポイント

分数部分がひけないときは，整数部分からくり下げて，ひかれる数の分数部分を仮分数になおします。

76 分母がちがう分数のひき算④ 練習

本さつ79ページ

① $2\frac{5}{6}$　② $2\frac{5}{8}$　③ $1\frac{29}{35}$　④ $3\frac{5}{12}$

⑤ $1\frac{9}{14}$　⑥ $\frac{23}{30}$　⑦ $5\frac{9}{20}$　⑧ $2\frac{19}{24}$

⑨ $6\frac{25}{36}$

77 分母がちがう分数のひき算④ 練習

本さつ80ページ

① $3\frac{7}{10}$　② $1\frac{3}{8}$　③ $2\frac{11}{14}$　④ $5\frac{11}{15}$

⑤ $3\frac{7}{24}$　⑥ $3\frac{41}{60}$　⑦ $3\frac{8}{15}$　⑧ $2\frac{13}{30}$

⑨ $1\frac{10}{21}$

78 分母がちがう分数のひき算⑤ 理解

本さつ81ページ

① $\frac{3}{4}-\frac{1}{12}=\frac{\boxed{9}}{\boxed{12}}-\frac{\boxed{1}}{\boxed{12}}=\frac{\boxed{8}}{\boxed{12}}=\frac{\boxed{2}}{\boxed{3}}$

② $\frac{17}{12}-\frac{5}{4}=\frac{\boxed{17}}{\boxed{12}}-\frac{\boxed{15}}{\boxed{12}}=\frac{\boxed{2}}{\boxed{12}}=\frac{\boxed{1}}{\boxed{6}}$

③ $3\frac{4}{5}-1\frac{3}{10}=3\frac{\boxed{8}}{\boxed{10}}-1\frac{\boxed{3}}{\boxed{10}}=\boxed{2}\frac{\boxed{5}}{\boxed{10}}=\boxed{2}\frac{\boxed{1}}{\boxed{2}}$

④ $5\frac{1}{6}-\frac{19}{24}=5\frac{\boxed{4}}{\boxed{24}}-\frac{\boxed{19}}{\boxed{24}}=\boxed{4}\frac{\boxed{28}}{\boxed{24}}-\frac{\boxed{19}}{\boxed{24}}$

$=\boxed{4}\frac{\boxed{9}}{\boxed{24}}=\boxed{4}\frac{\boxed{3}}{\boxed{8}}$

ポイント

分数部分が約分できるときは，約分してできるだけ分母を小さくします。

ここがニガテ

約分するときは，分子と分母の最大公約数を求めて，それでわるようにします。約分を忘れやすいので注意しましょう。

79 分母がちがう分数のひき算⑤ 練習

本さつ82ページ

① $\frac{1}{4}$　② $\frac{1}{3}$　③ $\frac{1}{2}$　④ $\frac{9}{10}$

⑤ $\frac{3}{4}$　⑥ $\frac{2}{3}$　⑦ $2\frac{1}{3}$　⑧ $4\frac{5}{6}$

⑨ $2\frac{1}{9}$

80 分母がちがう分数のひき算⑤ 練習

本さつ83ページ

① $\frac{1}{2}$　② $\frac{3}{4}$　③ $\frac{5}{6}$　④ $\frac{3}{5}$

⑤ $\frac{8}{9}$　⑥ $\frac{5}{6}$　⑦ $5\frac{7}{10}$　⑧ $3\frac{8}{15}$

⑨ $3\frac{1}{2}$

81 分母がちがう分数のひき算⑤ 練習

本さつ84ページ

① $\frac{2}{5}$　② $\frac{1}{6}$　③ $\frac{5}{6}$　④ $\frac{3}{4}$

⑤ $\frac{1}{2}$　⑥ $\frac{3}{4}$　⑦ $3\frac{4}{9}$　⑧ $2\frac{1}{2}$

⑨ $\frac{4}{5}$

82 分数のひき算のまとめ ②
ジグソーパズル

▶▶▶ 本さつ85ページ

$\frac{3}{8}-\frac{7}{24}=\frac{1}{12}$

$\frac{3}{4}-\frac{5}{12}=\frac{1}{3}$

$\frac{2}{3}-\frac{1}{15}=\frac{3}{5}$

$2\frac{4}{5}-1\frac{8}{15}=1\frac{4}{15}$

$\frac{7}{2}-\frac{4}{3}=\frac{13}{6}\left(2\frac{1}{6}\right)$

$3\frac{7}{20}-1\frac{3}{4}=1\frac{3}{5}$

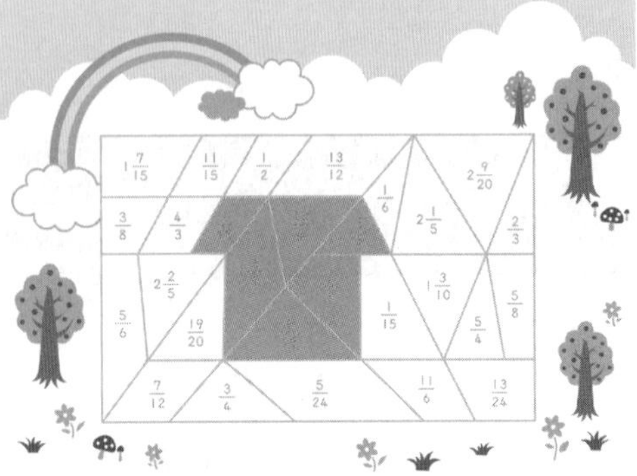

83 分数に整数をかける計算 ① 理解

▶▶▶ 本さつ86ページ

① $\frac{2}{7}\times3=\frac{\boxed{2}\times\boxed{3}}{\boxed{7}}=\frac{\boxed{6}}{\boxed{7}}$

② $\frac{1}{8}\times3=\frac{\boxed{1}\times\boxed{3}}{\boxed{8}}=\frac{\boxed{3}}{\boxed{8}}$

③ $\frac{3}{4}\times5=\frac{\boxed{3}\times\boxed{5}}{\boxed{4}}=\frac{\boxed{15}}{\boxed{4}}=\boxed{3}\frac{\boxed{3}}{\boxed{4}}$

④ $\frac{4}{15}\times6=\frac{\boxed{4}\times\cancel{\boxed{6}}^{\boxed{2}}}{\cancel{\boxed{15}}_{\boxed{5}}}=\frac{\boxed{8}}{\boxed{5}}=\boxed{1}\frac{\boxed{3}}{\boxed{5}}$

ポイント

分数に整数をかける計算は，分母はそのままにして，分子に整数をかけます。
約分できるときは，最後に約分してもいいですが，とちゅうで約分すると，あとの計算がかんたんになります。

84 分数に整数をかける計算 ① 練習

▶▶▶ 本さつ87ページ

① $\frac{5}{6}$　② $\frac{8}{9}$　③ $\frac{8}{7}\left(1\frac{1}{7}\right)$

④ $\frac{24}{5}\left(4\frac{4}{5}\right)$　⑤ $\frac{4}{3}\left(1\frac{1}{3}\right)$　⑥ $\frac{10}{3}\left(3\frac{1}{3}\right)$

⑦ $\frac{7}{4}\left(1\frac{3}{4}\right)$　⑧ $\frac{3}{2}\left(1\frac{1}{2}\right)$　⑨ $\frac{14}{3}\left(4\frac{2}{3}\right)$

85 分数に整数をかける計算 ② 理解

▶▶▶ 本さつ88ページ

① $1\frac{1}{4}\times5=\frac{\boxed{5}}{\boxed{4}}\times\boxed{5}=\frac{\boxed{5}\times\boxed{5}}{\boxed{4}}=\frac{\boxed{25}}{\boxed{4}}=\boxed{6}\frac{\boxed{1}}{\boxed{4}}$

② $2\frac{2}{3}\times5=\frac{\boxed{8}}{\boxed{3}}\times\boxed{5}=\frac{\boxed{8}\times\boxed{5}}{\boxed{3}}=\frac{\boxed{40}}{\boxed{3}}=\boxed{13}\frac{\boxed{1}}{\boxed{3}}$

③ $1\frac{1}{6}\times8=\frac{\boxed{7}}{\boxed{6}}\times\boxed{8}=\frac{\boxed{7}\times\cancel{\boxed{8}}^{\boxed{4}}}{\cancel{\boxed{6}}_{\boxed{3}}}=\frac{\boxed{28}}{\boxed{3}}=\boxed{9}\frac{\boxed{1}}{\boxed{3}}$

④ $1\frac{1}{8}\times10=\frac{\boxed{9}}{\boxed{8}}\times\boxed{10}=\frac{\boxed{9}\times\cancel{\boxed{10}}^{\boxed{5}}}{\cancel{\boxed{8}}_{\boxed{4}}}=\frac{\boxed{45}}{\boxed{4}}=\boxed{11}\frac{\boxed{1}}{\boxed{4}}$

ポイント

帯分数を仮分数になおしてから，計算します。

86 分数に整数をかける計算 ② 練習

▶▶▶ 本さつ89ページ

① $\frac{28}{5}\left(5\frac{3}{5}\right)$　② $\frac{33}{4}\left(8\frac{1}{4}\right)$　③ $\frac{35}{6}\left(5\frac{5}{6}\right)$

④ $\frac{30}{7}\left(4\frac{2}{7}\right)$　⑤ $\frac{27}{2}\left(13\frac{1}{2}\right)$　⑥ $\frac{22}{3}\left(7\frac{1}{3}\right)$

⑦ $\frac{25}{4}\left(6\frac{1}{4}\right)$　⑧ $\frac{19}{3}\left(6\frac{1}{3}\right)$　⑨ $\frac{27}{2}\left(13\frac{1}{2}\right)$

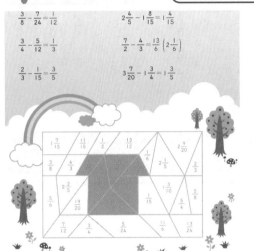

87 分数を整数でわる計算 ① 理解

本さつ90ページ

① $\frac{4}{5} \div 3 = \frac{4}{5 \times 3} = \frac{4}{15}$

② $\frac{7}{9} \div 3 = \frac{7}{9 \times 3} = \frac{7}{27}$

③ $\frac{5}{7} \div 8 = \frac{5}{7 \times 8} = \frac{5}{56}$

④ $\frac{9}{2} \div 6 = \frac{\overset{3}{\cancel{9}}}{2 \times \underset{2}{\cancel{6}}} = \frac{3}{4}$

ポイント

分数を整数でわる計算は，分子はそのままにして，分母に整数をかけます。
約分できるときは，最後に約分してもいいですが，とちゅうで約分すると，あとの計算がかんたんになります。

88 分数を整数でわる計算 ① 練習

本さつ91ページ

① $\frac{3}{10}$　② $\frac{5}{24}$　③ $\frac{3}{4}$　④ $\frac{1}{20}$

⑤ $\frac{1}{18}$　⑥ $\frac{1}{8}$　⑦ $\frac{2}{3}$　⑧ $\frac{2}{15}$

⑨ $\frac{3}{10}$

89 分数を整数でわる計算 ① 練習

本さつ92ページ

① $\frac{1}{24}$　② $\frac{7}{40}$　③ $\frac{5}{12}$　④ $\frac{11}{42}$

⑤ $\frac{1}{20}$　⑥ $\frac{3}{14}$　⑦ $\frac{8}{27}$　⑧ $\frac{5}{21}$

⑨ $\frac{2}{15}$

90 分数を整数でわる計算 ② 理解

本さつ93ページ

① $1\frac{2}{9} \div 3 = \frac{11}{9} \div 3 = \frac{11}{9 \times 3} = \frac{11}{27}$

② $2\frac{3}{4} \div 3 = \frac{11}{4} \div 3 = \frac{11}{4 \times 3} = \frac{11}{12}$

③ $2\frac{2}{5} \div 6 = \frac{12}{5} \div 6 = \frac{\overset{2}{\cancel{12}}}{5 \times \underset{1}{\cancel{6}}} = \frac{2}{5}$

④ $3\frac{4}{7} \div 5 = \frac{25}{7} \div 5 = \frac{\overset{5}{\cancel{25}}}{7 \times \underset{1}{\cancel{5}}} = \frac{5}{7}$

ポイント

帯分数を仮分数になおしてから計算します。

91 分数を整数でわる計算 ② 練習

本さつ94ページ

① $\frac{7}{18}$　② $\frac{13}{28}$　③ $\frac{22}{35}$

④ $\frac{29}{54}$　⑤ $\frac{1}{16}$　⑥ $\frac{9}{40}$

⑦ $\frac{6}{11}$　⑧ $\frac{11}{14}$　⑨ $\frac{11}{9}\left(1\frac{2}{9}\right)$

92 分数を整数でわる計算 ② 練習

本さつ95ページ

① $\frac{11}{12}$　② $\frac{10}{21}$　③ $\frac{19}{35}$　④ $\frac{21}{40}$

⑤ $\frac{5}{8}$　⑥ $\frac{2}{9}$　⑦ $\frac{4}{13}$　⑧ $\frac{8}{21}$

⑨ $\frac{4}{3}\left(1\frac{1}{3}\right)$

93 分数と整数の計算のまとめ

キューブゲーム

▶▶▶ 本さつ96ページ

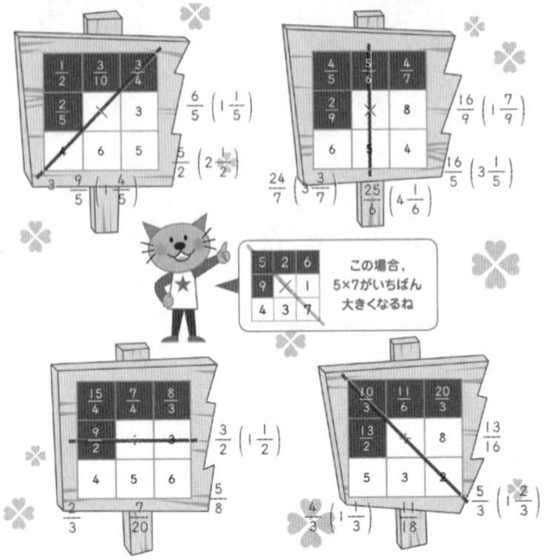